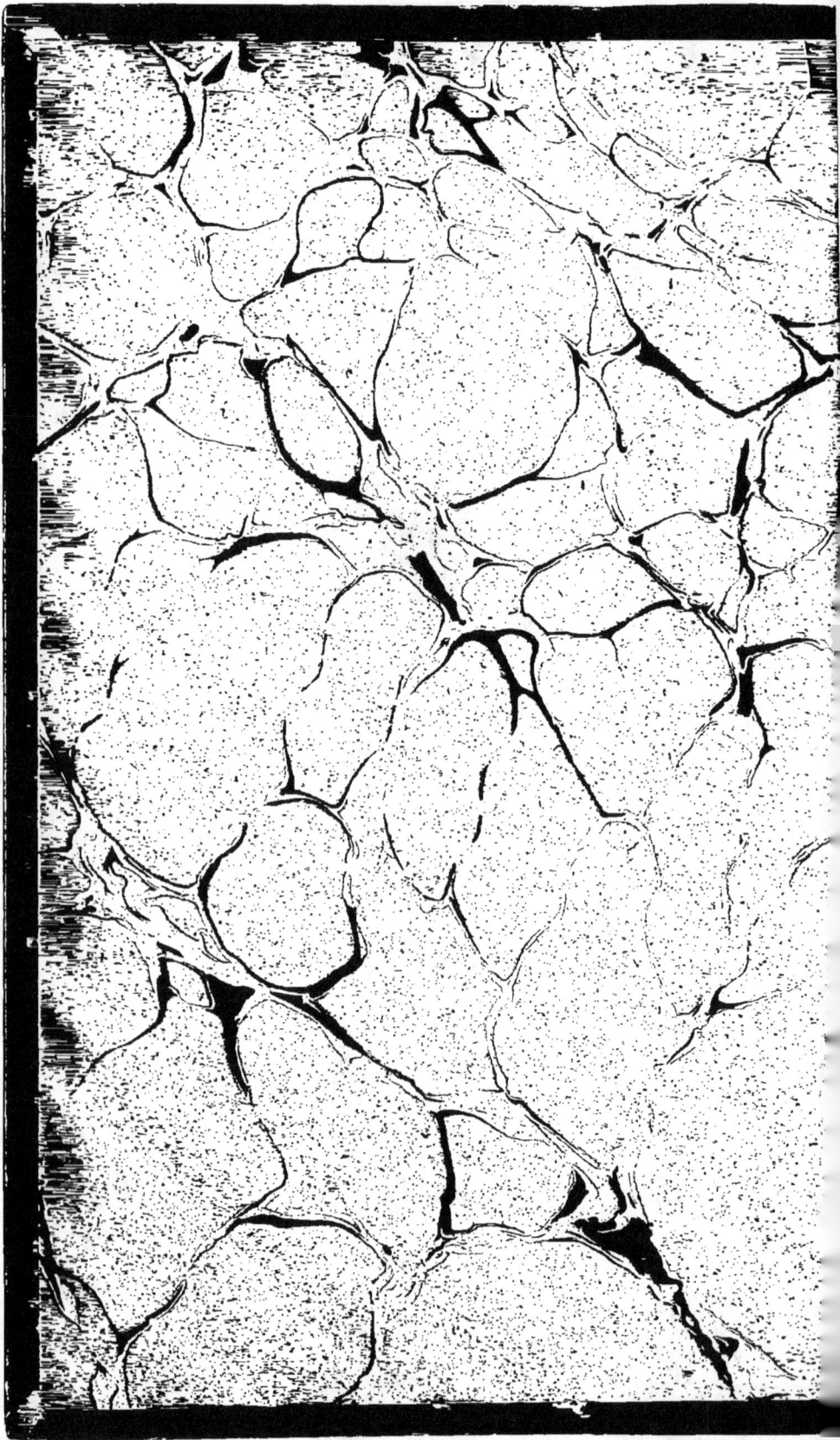

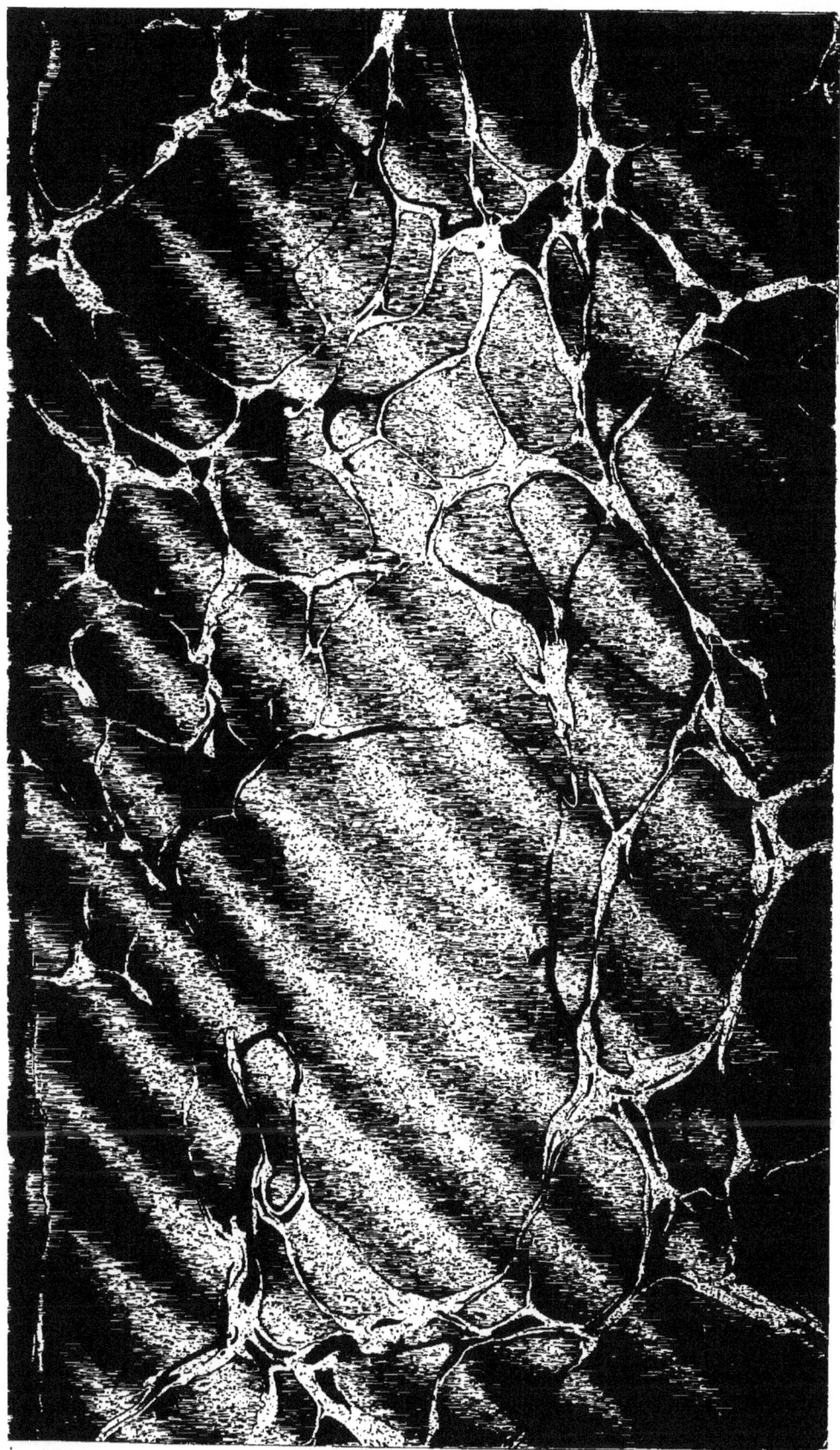

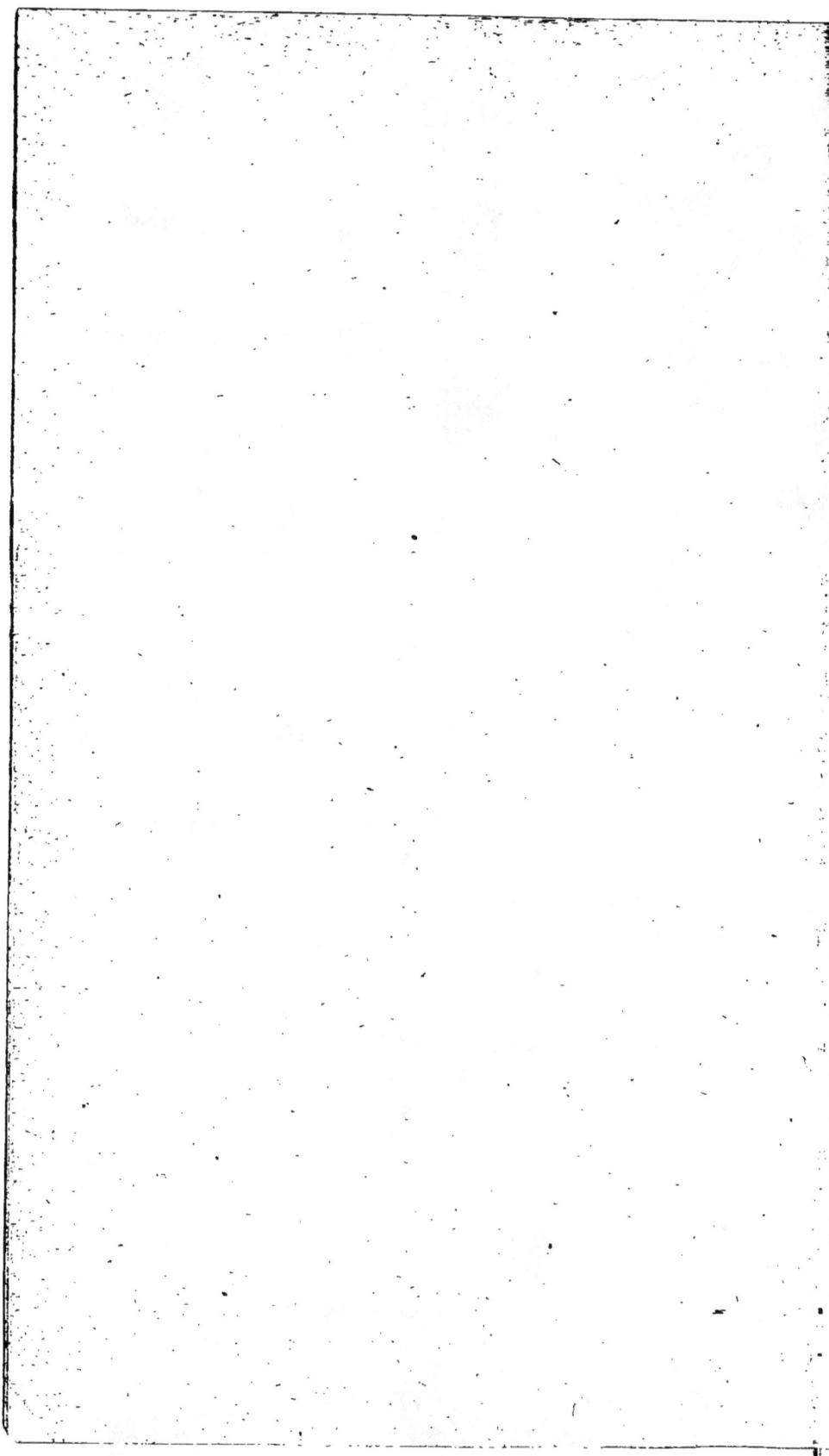

BIBLIOTHÈQUE
DES MERVEILLES

PUBLIÉE SOUS LA DIRECTION

DE M. ÉDOUARD CHARTON

LE FER

PARIS.   IMP. SIMON RAÇON ET COMP., RUE D'ERFURTH, 1.

BIBLIOTHÈQUE DES MERVEILLES

LE FER

PAR

JULES GARNIER

Il s'y prit mal, puis un peu mieux, puis bien,
Puis, enfin, il n'y manqua rien.
LA FONTAINE.

OUVRAGE ILLUSTRÉ

DE

RES DESSINÉES SUR BOIS

PAR A JAHANDIER, TAYLOR, ETC.

PARIS

LIBRAIRIE HACHETTE ET Cie

79, BOULEVARD SAINT—GERMAIN, 79

1874

©

DÉDICACE

Aux forgerons de Saint-Étienne, anciens et modernes, humbles ou grands, qui, de temps immémorial travaillèrent péniblement le FER et firent progresser les méthodes.

A ces hardis champions de l'Industrie Française qui en portèrent le drapeau avec le plus d'éclat en construisant nos premières forges à la houille et nos deux premiers chemins de fer.

Je dédie humblement ce livre.

JULES GARNIER.

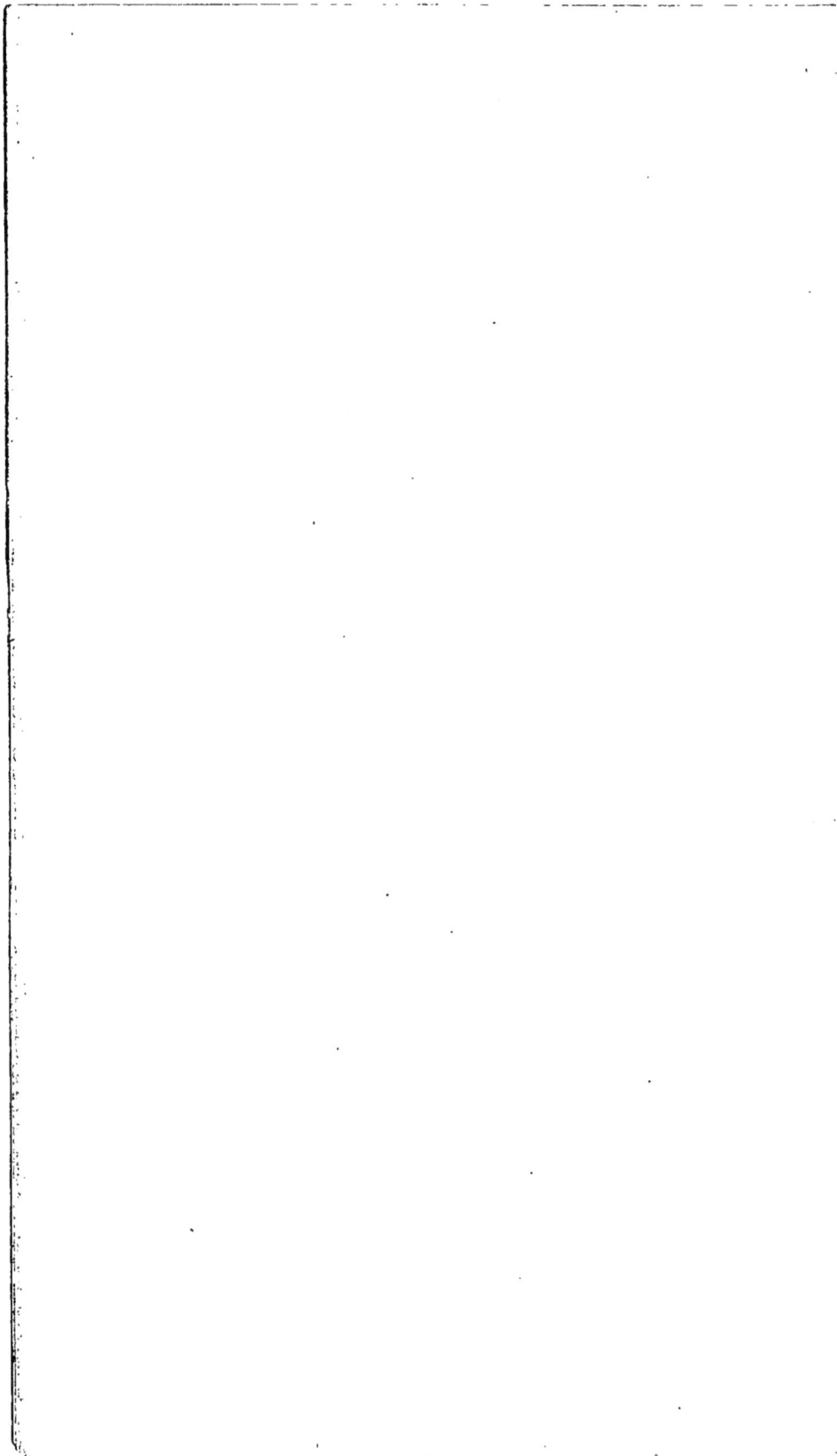

PRÉFACE

De quelque côté qu'on jette les yeux on aperçoit le fer. C'est lui qui laboure nos champs. Dans les villes c'est lui qui conduit les eaux que nous buvons, le gaz qui nous éclaire. Notre demeure, nos meubles, tomberaient en pièces si l'on s'avisait d'en retirer le fer.

Mais qui pourrait énumérer tous les usages du fer? Nous le voyons s'unir même à l'art le plus délicat, dans les fontaines, les statues, les grilles qui ornent nos parcs et nos promenades.

Grâce à sa nature d'une résistance toujours égale, on l'assemble pour faire ces ponts, ces halles gigantesques, ces phares qui semblent si déliés, si légers, et qui ont cependant une si grande solidité.

C'est aux ressorts qui suspendent nos voitures que nous devons de ne pas sentir les cahots.

Pourquoi le cheval peut-il courir si longtemps et si sûrement? c'est que son pied est armé de fer.

N'est-ce pas au fer que nous devons toutes les machines qui ont si merveilleusement modifié les conditions de la vie en ces derniers temps? La locomotive,

qui s'élance vertigineuse, est de fer comme le rail sans
fin qui la guide, comme le fil qui porte en un instant
la pensée humaine dans toutes les régions du globe.

Comment sans le fer travailler les autres métaux, les
pierres, le bois, la terre! Qui donne la suprématie, la
liberté, au peuple travailleur et industrieux, si ce n'est
l'art d'élaborer le fer, auquel il doit ces grands leviers
de la puissance : l'or et les armes?

On voit que le sujet que nous entreprenons d'effleurer
ici mérite toute l'attention du lecteur : j'ai quelque
crainte, je l'avoue, que la tâche ne dépasse mes forces.
Mais, n'ai-je point passé mes jeunes années dans la patrie classique du fer en France? Mes oreilles ne furent-
elles pas toujours frappées du bruit cadencé, musical,
des marteaux? N'ai-je pas toujours vu dans les airs ces
gigantesques spirales de fumées de nos usines, nuages
aussi sombres, aussi épais, que ceux qui, dans l'été,
nous apportent l'orage?

Oui, tous ces spectacles grandioses de la lutte de
l'homme contre l'un des plus terribles éléments, le feu,
je les ai suivis depuis mon enfance, et j'ose compter
sur les vives impressions qu'ils ont faites sur mon esprit, sur les réflexions qu'ils m'ont suggérées, pour par-
venir à donner au lecteur un tableau fidèle de l'histoire
du fer.

JULES GARNIER.

LE FER

PREMIÈRE PARTIE

I

LES ORIGINES DU FER

La plupart des hommes ne s'étonnent point assez.
En présence des plus grands phénomènes, des inventions les plus admirables, on les voit trop souvent indifférents, impassibles. C'est le propre de la
matière d'être impassible, et non pas de l'esprit.
Ceux dont la curiosité est toujours en éveil, qui
aiment à s'expliquer ce qu'ils voient, qui recherchent les causes, ceux-là seuls parviennent à s'in-
struire, à s'éclairer, à augmenter leurs jouissances
intellectuelles, et peuvent, s'ils sont doués de quelque supériorité, contribuer à l'avancement des
sciences et de leurs applications, c'est-à-dire au

1

progrès du bien-être de leurs semblables et de la civilisation.

Voici, par exemple, les chemins de fer et le télégraphe électrique qui ne datent que de peu d'années : on s'y est déjà si bien habitué qu'il semble que ces merveilleuses inventions aient existé de tout temps, et qu'on n'ait ni à s'en étonner, ni à les admirer.

Ce ne serait rien encore, si tous ceux qui en jouissent avaient au moins le désir de les bien comprendre, de s'enquérir de leur histoire, et par là se rendaient capables de payer aux hommes ingénieux, persévérants, auteurs successifs de ces perfectionnements si extraordinaires et si utiles, le juste tribut de reconnaissance qui leur est due [1].

Ces réflexions nous viennent naturellement à l'esprit au moment où nous nous proposons de parler du fer que l'on considère très-justement comme le plus précieux des métaux. Combien n'en est-il pas parmi nous qui s'en servent journellement sans savoir d'où il vient, et par suite de quelles longues élaborations il est arrivé à être d'un usage aussi universel. N'est-ce pas cependant un des sujets les plus dignes de l'attention et de l'étude de tous les hommes sérieux ?

[1] Voy. les Chemins de fer, par M. A. Guillemin, et les Merveilles de l'électricité, par M. Baille. (*Bibl. des Merveilles.*)

Nous n'avons que peu de chose à dire sur l'histoire des plus anciennes origines du fer. Jusqu'ici elle est obscure. On n'a pas à espérer beaucoup de lumière à cet égard de la seule lecture des auteurs anciens. Ils ne traitent point de la métallurgie du fer, dont les poëtes semblent n'avoir commencé à parler que lorsqu'il se fut en quelque sorte ennobli à leurs yeux sur les champs de bataille.

Quoi qu'il en soit, on peut supposer que, bien avant que la science de l'homme lui eût permis de tirer le métal pur de ses minerais, ceux-ci, quoique bruts, avaient attiré son attention; il les remarquait à cause de leur poids plus élevé, souvent même il les choisissait pour s'en servir dans les combats. J'en ai vu un indice à la Nouvelle-Calédonie, où les indigènes recherchent pour leurs frondes, non-seulement les pierres pesantes telles que la baryte sulfatée, mais encore utilisent comme projectiles les minerais de fer. J'apercevais souvent, sur certaines hauteurs, des fragments de roches de minerais de fer qu'on avait apportés des filons voisins et régulièrement entassés : je m'informai auprès des naturels de la cause de ce travail : — « C'est, me répondirent-ils, que l'ennemi nous surprend parfois à l'improviste dans nos villages, et nous oblige à chercher un abri sur ces plates-formes élevées, dont l'escalade est impossible, même aux plus audacieux assaillants, car, du haut de ces sommets, nous faisons rouler sur leur tête ces gros et lourds galets de fer que, comme tu vois, nous avons eu le soin d'empiler. »

C'est principalement au sommet le plus élevé du

Amas de minerais de fer en Nouvelle-Calédonie.

mont d'Or, sur une plate-forme dont les flancs sont à peine praticables pour la marche, que j'aperçus le plus grand nombre de ces piles de boulets de fer naturel, qu'ils nomment « meregna »; j'ai pris la photographie d'un de ces amas, qui témoigne certainement de l'une des premières applications du fer à l'art de la guerre.

Mais si, de nos jours encore, certains peuples sont assez arriérés pour ignorer l'usage des métaux, il n'en est pas moins indubitable que l'art de dégager le fer pur de ses minerais est d'une très-haute antiquité.

On est fondé à croire toutefois que cette découverte fut non-seulement postérieure à celle du travail du métal natif, tel que l'or, l'argent, le cuivre et le fer lui-même, mais encore qu'elle ne vint qu'après la connaissance des métaux, dont l'extraction est plus facile, tels que le zinc, l'étain, etc. Une des observations qui tendent à faire considérer comme probable cette progression dans les travaux de la métallurgie, est que depuis un temps bien reculé, les métaux autres que le fer s'obtiennent par des méthodes qui ne progressent presque pas, tandis que les immenses perfectionnements apportés au travail du fer de nos jours, montrent avec évidence combien auparavant nous étions près de l'enfance de l'art sidérurgique.

Ainsi se trouverait affirmée cette opinion ancienne que l'humanité a, en premier lieu, traversé l'âge d'or, puis l'âge d'airain et enfin l'âge de fer.

On peut ajouter que si les métaux *natifs* n'a-

vaient pas existé, l'homme n'aurait jamais su retirer le fer de ses minerais, tant c'est là une opération complexe, exigeant des outillages et des méthodes compliqués ; mais le travail de l'or et de
l'argent natif avait enseigné le martelage, celui
du cuivre natif la fusion ; de là, au traitement des
riches minerais de ces métaux il n'y avait qu'un
pas ; l'emploi des soufflets, du grillage, des fondants, se généralisèrent.

Dès que l'homme fut en possession de tous les
éléments du travail du fer; il n'eût plus qu'à les
appliquer avec discernement à l'élaboration des
minerais dont la densité élevée avait frappé son attention; les tâtonnements du début furent sans nul
doute très-nombreux, mais enfin le succès arriva et
ce dut être avec un juste orgueil que le premier forgeron du fer, armé d'un marteau de pierre ou de
bronze, étira sur une enclume de granit la première barre de fer. Grâce au feu et au fer, il lui
devint facile de se défendre contre les fauves ou
d'en faire sa proie, en dépit de leurs formidables
mâchoires; il put ciseler le bois, aussi bien que la
roche la plus dure, et, en un mot, plier à ses lois
toutes les forces naturelles, les vents, les chutes et
les cours d'eau, dont, jusque-là, il avait subi les caprices et qui devinrent à jamais ses auxiliaires et
ses esclaves. Quel immense progrès que celui qui

commence au premier lopin de fer, brutalement forgé sur un bloc de roche et se termine aujourd'hui, — sans avoir dit pourtant encore son dernier mot — à la locomotive, ce triomphe de l'industrie humaine !

Cette route que l'esprit a mis tant de siècles à tracer, nous nous proposons de la faire parcourir en quelques pages à nos lecteurs.

Ainsi que nous l'avons déjà dit, il n'est pas encore possible de fixer le point de départ de la fabrication du fer : la découverte du précieux métal a dû se faire simultanément en différentes parties du globe, et sans que les inventeurs eussent d'autre rapport entre eux que le désir d'étendre les connaissances métallurgiques antérieures. Il est toutefois très-probable, comme nous l'indiquons plus loin, que les premières exploitations du fer eurent lieu en Asie, dans l'Inde et dans le Caucase.

Le fer étant donné, les façons de le travailler et les diverses transformations à lui faire subir durent être partout les mêmes. C'étaient l'enclume et le marteau que l'on employait en tous lieux, et le but à atteindre, était toujours les fabrications des armes de la guerre ou les outils de l'agriculture.

Quant aux instruments de fabrication, on est, dans quelques cas, en mesure de faire connaître comment s'y prenaient les anciens métallurgistes

pour l'élaboration des lingots de fer. C'est là une
véritable conquête, car si le fer métal peut traverser sain et sauf les siècles, il n'en est point de
même des fourneaux et instruments qui servirent

ÉPOQUE INCONNUE. — LA FAVERGEATTE. — COMBE DU FER A CHEVAL A MONTAVON.

Coupe par C D

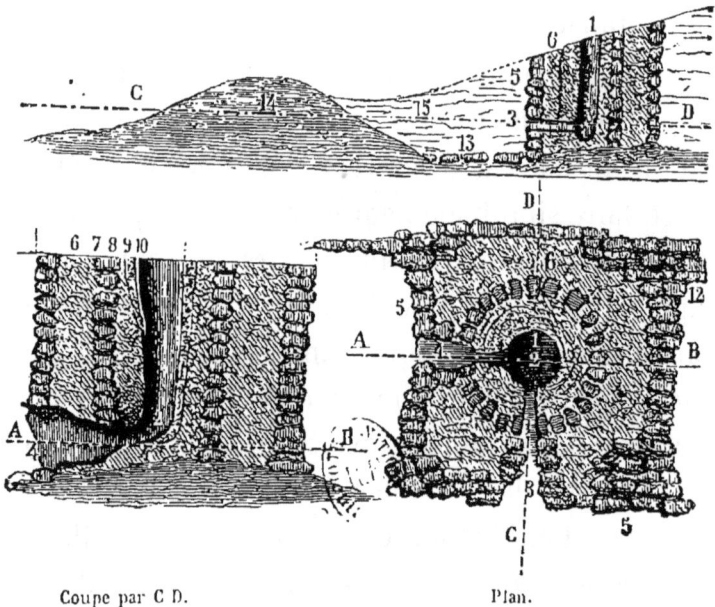

Coupe par C D.   Plan.

1. Cuve. — 2. Creuset. — 5. Tuyère. — 4 Trou de coulée des laitiers. — 5.
Muraille en pierres, sans mortier. — 6. Enveloppe d'argile réfractaire.
7. Mur de pierre sans ciment. — 8, 9, 10, 11. Argiles de la paroi intérieure, superposées pour des réparations. — 12. Mur d'appui contre la
montagne. — 15. Aire pavée. — 14. Tas de scories. — 15. Décombres,
dépôts de charbon, minerai.

à son élaboration; ce sont là des œuvres dont
l'étude d'ensemble, a exigé les patientes et judi-
cieuses recherches de quelques-uns de ces infa-

Époque inconnue. — Forge du Jura Bernois, restaurée. (Musée de Saint-Germain

J. GAHANDIER

D. MEUNIER

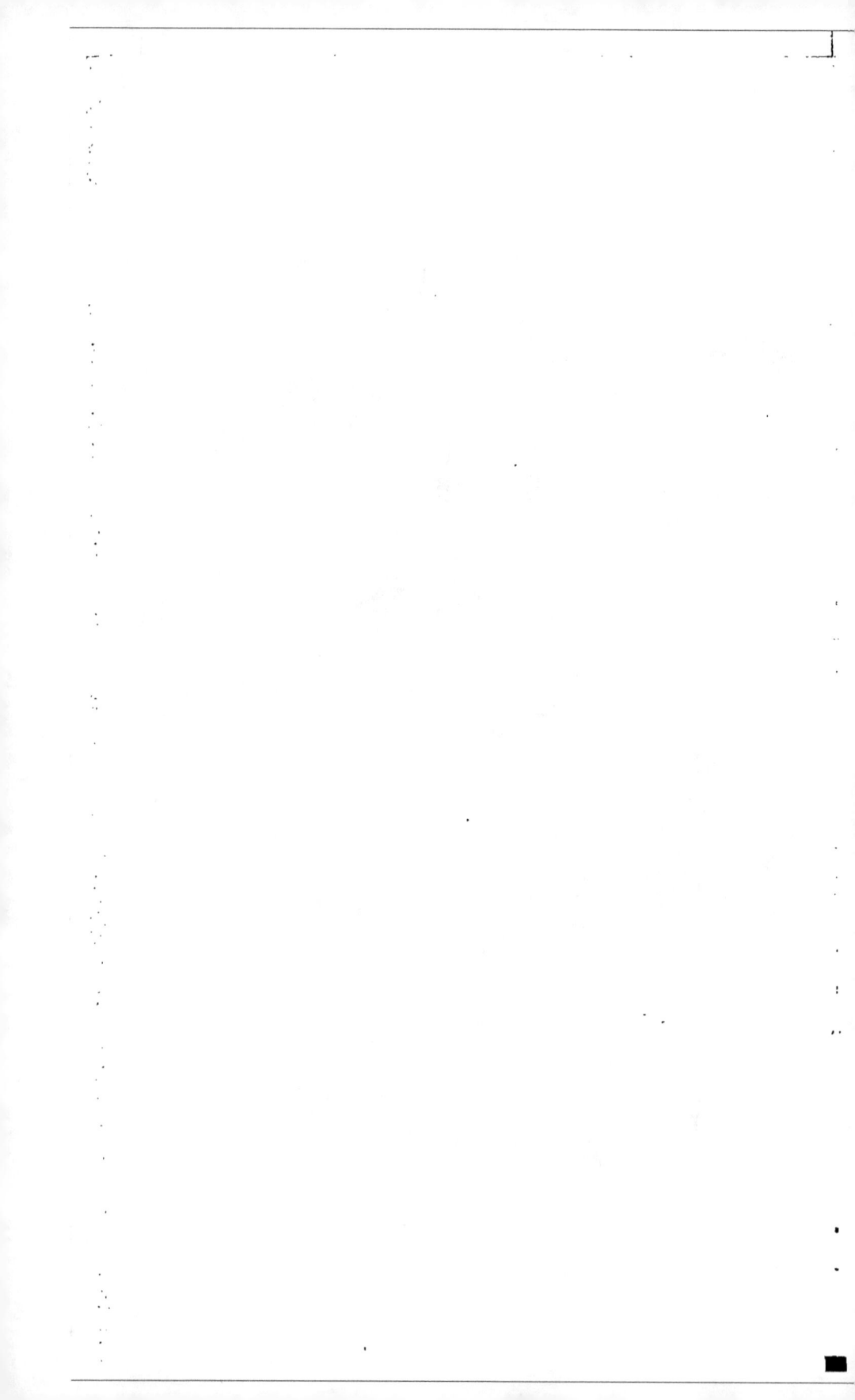

tigables éclaireurs de la science, M. A. Quiquerez,
par exemple, qui a remonté pièce à pièce la métallurgie de nos aïeux du Jura Bernois et nous a,
entre autres, montré les fourneaux où s'élaborait
peut-être le fer des cités lacustres[1]. La vue de
quelques-uns de ces antiques foyers ainsi que la légende explicative qui les accompagne en donnera
aux lecteurs la plus complète idée ; nous ajouterons
seulement que ces vieilles forges se rencontrent partout où le minerai de fer et les forêts étaient associés dans le Jura Bernois, la Haute-Alsace, les can-
tons de Bâle, de Soleure et de Neuchâtel; on a
compté dans ces parages plus de 200 vestiges de
forges anciennes[2]. Un seul fait, d'ailleurs, s'il était
parfaitement démontré, prouverait l'antiquité de
ces travaux : M. Quiquerez a découvert une place
à charbon sous une couche de tourbe compacte de
20 pieds d'épaisseur ; elle était établie sur le sol
où repose la tourbière elle-même. Or cette tourbière contenait encore à deux pieds de profondeur
un rouleau de monnaie du quinzième siècle, d'où
l'on croit pouvoir conclure que la place à charbon

---

[1] Nous devons faire observer que quelques savants croient que
les forges du Jura Bernois sont d'une époque très-rapprochée de
l'époque romaine. On peut voir au musée de Saint-Germain le modèle de forge gauloise exécuté par M. Quiquerez.

[2] Quelle est cette antiquité? Selon quelques auteurs, elle ne serait que de 150 ans environ avant notre ère.

aurait eu au moins quatre mille ans. Enfin, à 12 pieds de profondeur, dans la même tourbière on trouva les ossements d'un cheval dont un pied était encore ferré et cela suivant les formes de fer et de clous usités chez les Celtes.

On remarque, dans ces parages, que tous les fourneaux employés pour la fusion du fer aux différentes époques, sont construits sur le même modèle et ne diffèrent entre eux que par les dimensions ; ainsi les forgerons d'alors se transmettaient intégralement leurs méthodes, depuis les temps préhistoriques jusqu'à nos jours ; ils se contentaient d'exalter les proportions de leurs fourneaux, au fur et à mesure de l'augmentation des besoins.

En tout cas, on ne trouve pas trace de soufflets dans ces appareils et tout se passait par le fait du tirage naturel que l'on favorisait au moyen d'une petite cheminée placée au sommet du fourneau.

Pour obtenir le fer, on chargeait dans le fourneau des couches successives de charbon et de minerai ; le minerai seul, avec les cendres du combustible, arrivait dans le bas où la chaleur était intense par l'effet du tirage ; un ouvrier au moyen d'une perche de bois vert et mouillé, facilitait la sortie des scories fondues, et brassait le métal, dont il agglutinait les parcelles de façon à en faire un lopin, que l'on extrayait aussitôt qu'on le jugeait assez gros et assez affiné. Nous montrons, page 9, non-seulement une de ces forges restaurées d'après les recherches de M. Quiquerez, mais aussi un de ces lopins qu'on a retrouvés; leur poids variait de 10 à 15 livres.

Remarquons, dans cette restauration, l'emploi des ringards de bois, qui montrent jusqu'où on

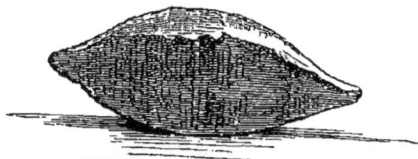

Saumon de fer trouvé à Colmar.

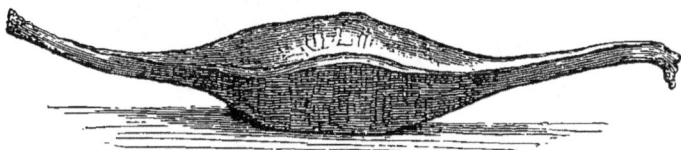

Saumon de fer, martelé aux deux bouts, trouvé à Abbeville.

poussait l'économie du fer, même parmi les gens qui le produisaient.

Si du Jura Bernois nous passons en Belgique, nous verrons que dans la province de Namur, près de la Meuse, à Lustin, une fouille vient de faire découvrir par hasard des fourneaux à fer des anciens âges; ces foyers avaient la forme d'un tronc de cône

renversé, dont la hauteur serait de 1 mètre, le diamètre supérieur de 4ᵐ,50, et l'inférieur de 5ᵐ,20.
La base est elliptique et reçoit l'embouchure d'une
conduite rectangulaire de 0ᵐ,20 de côté environ,
dont l'autre extrémité allait aboutir au jour, préci-

Époques anciennes. — Four à tirage naturel.

sément en face des vents régnants du sud-ouest.
Des scories et magmas de fer gisaient dans les environs ; enfin, au fond d'un de ces fournaux on dé-
couvrit un des culots ferreux qui était le but du
travail. Ce culot, présentait trois couches princi-

pales ; la base était la plus riche en fer et donnait
à l'analyse :

Fer métallique.	93.48
Carbone.	0.37
Matières vitrifiables.	4.94
Soufre, phosphore, traces de magnésie.	1.21
	100.00

Le milieu du culot et sa partie supérieure étaient
un composé de fer, de minerai incomplétement réduit, de scories, de parties pierreuses frittées, de
fragments de charbon. La densité moyenne de tout
le culot était de 5 et sa teneur en fer de 35.4.

Quant à la conduite du fourneau elle devait être
la même que dans le Jura Bernois.

LE FER DANS LES AGES FABULEUX ET DANS L'ANTIQUITÉ

Les plus anciens documents de l'histoire mentionnent le fer, mais, sans doute à cause des services qu'il rendait, chaque peuple en attribuait la découverte soit à un être divin, soit à un être déifié : les Hébreux, qui ont si bien su conserver leurs traditions, désignent Tubal-Caïn comme travaillant le fer 5150 avant Jésus-Christ. C'est là sans doute le Vulcain de la religion païenne ; en tout cas observons qu'en arabe Tubal signifie scorie de fer. Les Grecs plus sobres de dates que les Hébreux, mais à l'imagination non moins grande, nous transmettent la légende de Vulcain, laquelle a le mérite de rappeler tous les obstacles qui accompagnèrent les premiers travaux du fer ; elle nous fait entrevoir ces géants dont les bras musculeux élaboraient le métal

destiné à rendre les guerriers invulnérables, c'est-
à-dire invincibles. Les Dactyles du mont Ida, ies
Chalybes du Pont-Euxin passaient pour les premiers
disciples de Vulcain. D'après la chronique des mar-
bres de Paros, cette grande découverte aurait été
faite, sous Minos, en l'année 1481 avant notre ère.

Mais déjà certaines nations avaient les moyens de
travailler le fer. 2,000 ans avant J. C., alors que
l'Egypte était dans tout son éclat, que les Phéni-
cïens couvraient de leurs flottes les mers connues,
le fer était déjà répandu parmi eux; d'ailleurs
tous les écrits qui nous restent du second empire
d'Égypte parlent beaucoup du fer et certains pa-
lœologues vont jusqu'à penser que la connaissance du fer en Égypte remonte à 6,000 ans avant
notre ère.

D'une manière générale, on peut dire que plus la
science cherche à s'approcher du berceau de la sidérurgie et plus celui-ci semble s'enfoncer dans les
ténèbres du passé. — Les Égyptiens durent, en
effet, leur civilisation aux anciens peuples de l'O-
rient; est-ce chez eux qu'il faudrait encore aller
chercher le point de départ du fer?

Ce que l'on peut dire, sur cette matière, c'est que
les peuples de l'extrême Orient, qui furent si bien
dotés sous le rapport des métaux autres que le fer,
ne durent pas s'astreindre généralement aux fati-

2

gantes opérations que le fer réclame ; les temples
en ruine de l'archipel indien n'ont pas fourni de
fer ; des écrits boudhistes fort anciens de l'île de
Ceylan ne mentionnent point ce métal, et c'est à
peine si les Chinois et les Japonais sont aujourd'hui
sortis de l'âge de la pierre et du bronze.

Si nous interrogeons maintenant Moïse, nous
voyons que dans les pages qu'il écrivit 1,500 ans
avant notre ère, il indique l'existence du fer chez les
Égyptiens et parmi les Hébreux.

Les colonies égyptiennes qui, à la même époque,
fondèrent Thèbes et Athènes durent certainement
apporter dans leur nouvelle patrie la connaissance
du fer, si elle n'y existait déjà. Au siége de Troyes
les armes des Grecs étaient principalement en
bronze, mais Homère nous apprend combien le fer
était apprécié, puisque Achille offrit une boule de
fer au vainqueur dans le tournoi qui eut lieu en
l'honneur de Patrocle[1].

N'oublions pas de dire, à ce propos, que la *valeur
relative* des métaux fut encore une des étapes qui
marquèrent la marche des peuples vers l'état actuel ; il est bien certain que l'homme non civilisé,
plus sage que nous en cela, n'estime les objets que
pour le service qu'ils peuvent lui rendre directe-

---

[1] Iliade, chant XXIII ; vers 826.

ment. N'ai-je pas vu des sauvages de l'Océanie se dépouiller de leurs ornements les plus chers pour avoir une hache de fer, quelques hameçons, des clous ! Il en dut être de même aux premiers temps de l'histoire ; le fer, le métal de Mars — et aussi de Pomone, — y devint plus apprécié que le bronze dès qu'il fut connu ; plus tard seulement l'équilibre s'opéra entre la valeur du bronze et celle du fer ; ce fait provint certainement, comme nous le verrons, de l'amélioration des méthodes sidérurgiques qui permirent d'obtenir le métal plus sûrement et plus économiquement. Ne voyons-nous pas des ornements antiques en bronze, incrustés, enrichis de fer !

Lorsque Agamemnon fait de somptueuses offres à Achille, rappelons-nous les termes du refus du héros : « J'emporterai d'ici de l'or et du cuivre rouge, ainsi que des femmes à la ceinture élégante et du *fer éclatant*, toutes richesses que j'ai, du moins, obtenues par le sort. »

Cette réponse a été rendue aussi fière, aussi orgueilleuse que possible par le poëte ; y eût-il parlé ainsi du fer, si le fer eût été vil !

Enfin, les Grecs d'Homère qui connaissaient si bien le fer se seraient-ils servis de haches de bronze pour couper des arbres sur le mont Ida, si le robuste métal n'eût été réservé pour de plus nobles tâches ?

« Il rapprocha la corde de la poitrine et le
fer de l'arc, » dit encore Homère. — Là l'emploi
du fer était indispensable.

Nous voyons encore les Grecs, quand le vin leur
manqua, en échanger mille barriques contre du
bronze et du *fer brillant*.

On peut aussi appuyer la thèse qui voudrait
que le fer eût été longtemps plus recherché que le
bronze, en rappelant les paroles de l'écrivain romain qui s'étonne que le fer soit devenu d'un usage
si commun et d'un prix si modique. Dans son splen-
dide ouvrage sur les *Ruines de Ninive*, M. V. Place
nous apprend que les Assyriens clouaient leurs
meubles *avec des clous de cuivre* et il en conclut,
qu'ils agissaient ainsi parce qu'ils s'étaient déjà
aperçus que le fer se rouillait et durait peu. Je ne
pense point que les habitants de Ninive aient con-
solidé leurs meubles avec des clous en cuivre dans
le seul désir qu'ils pussent, traversant les âges, arriver intacts jusqu'aux regards de nos archéologues;
je croirais plus volontiers qu'ils agissaient ainsi par
suite de la faible différence du prix entre le fer et
le bronze. Nous voyons d'ailleurs les habitants de
Ninive revenir au fer dans les cas où ce métal est à
peu près indispensable. Les figures ci-contre re-
présentent des roues niniviennes en *cuivre*, mon-
tées sur un *axe* en fer : c'était rationnel ; le cuivre

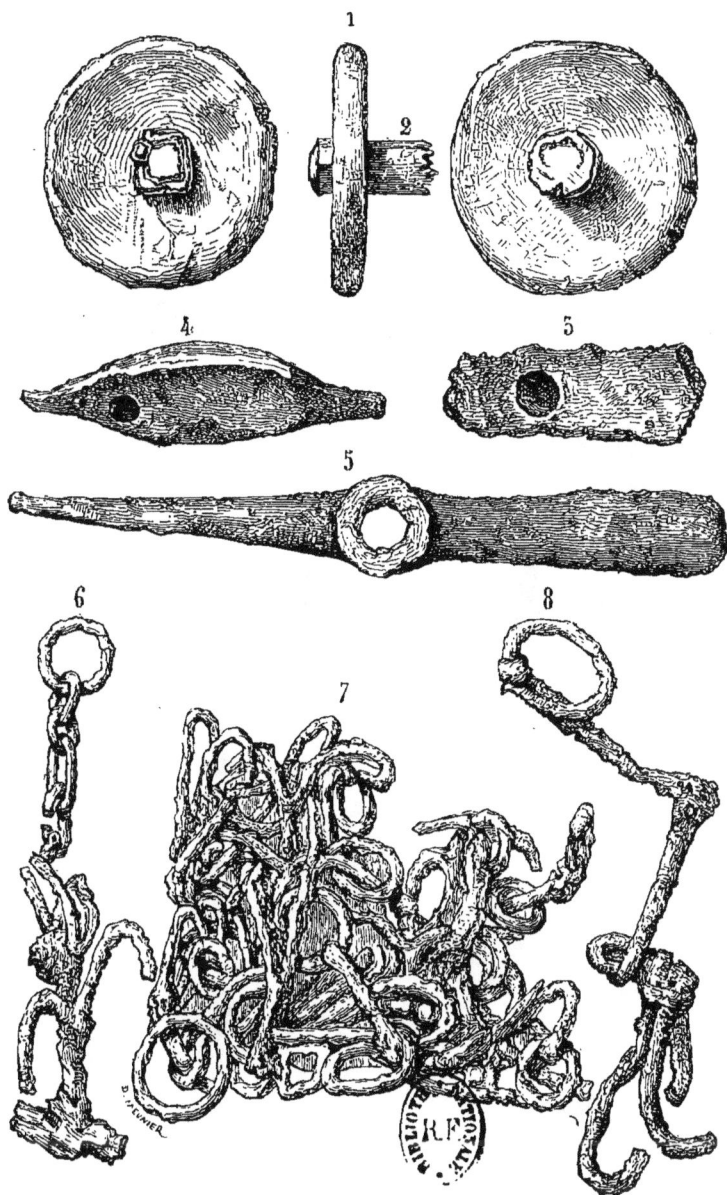

Objets en fer trouvés dans les ruines de Ninive.

1, 2 Roue en cuivre avec essieu en fer.
3, 4, 5. Masse, pic et pioche en fer.
6, 7, 8. Chaines de fer.

résiste bien à l'usure par frottement ; aujourd'hui encore, dans les machines, nous l'employons à cet usage ; mais il n'en est pas de même quand il doit résister à la *flexion*. Dans ce cas le fer est sans rival et les habitants de Ninive ne pouvaient alors se dispenser de l'utiliser. Il en était de même pour les chaînes, les crampons, les pioches, que M. Victor Place a trouvés à Ninive et dont nous donnons aussi les dessins. Rappelons cependant que les Niniviens cachaient parfois le fer sous une enveloppe de bronze.

Si nous revenons aux Hébreux, nous trouvons qu'ils étaient depuis longtemps d'habiles forgerons : Job cite le fer parmi les quatre substances précieuses d'alors ; il nous fait entrevoir les travaux nombreux auxquels se livrait l'industrie humaine :

« L'homme, s'écrie-t-il, entame les rochers et sape les montagnes jusque dans leurs fondements ; il ouvre aux eaux un passage à travers les roches et y découvre des richesses souterraines..... L'argent a ses veines ; l'or a un lieu d'où on le tire pour l'affiner ; le fer est extrait de la terre et l'airain s'obtient de la pierre par la fusion[1]. »

Plus loin, il est question de l'enclume et du marteau, c'est-à-dire des deux outils dont la seule exis-

[1] Job, chap. XXVIII.

tence chez un peuple permet d'affirmer que le fer
pouvait déjà emprunter toutes les formes ; avons-
nous eu d'autres moyens jusqu'à ces derniers
temps ?

D'ailleurs le Deutéronome complète la révéla-
tion, lorsqu'il parle des fourneaux dans lesquels le
fer s'affinait. Il fallait même que ce métal fût devenu assez commun, puisqu'il entrait comme un
élément important dans la construction du temple
de Salomon, 850 ans avant Jésus-Christ. C'est d'ailleurs peu après cette date que, sous Lycurgue,
nous voyons la monnaie de fer remplacer exclusivement celle d'or et d'argent.

Le nord de l'Europe nous a aussi conservé des
noms de forgerons antiques. C'est d'abord Veland,
qui se livre au travail du fer ; puis le célèbre recueil mythologique l'*Edda*, qui nous a transmis,
sous forme de légendes, l'histoire des arts, de la
littérature et des sciences scandinaves, et nous parle
de ces géants dont Mimir était le chef et qui furent
si habiles à fondre les métaux.

Toutefois ces légendes sont relativement de peu
d'antiquité : l'usage du fer ne devint commun en
Scandinavie qu'à une époque très-rapprochée de
l'ère chrétienne.

Pendant longtemps encore, chez ces peuples,
le fer se mêla au bronze, à la pierre, au bois même :

en un mot les trois âges étaient confondus et c'est
ce qui ressort admirablement des pages où Hérodote (liv. VII) nous décrit en détail l'armement des
divers peuples comprenant l'innombrable armée
de Xerxès ; nous y voyons (480 ans av. J. C.) les
Perses, les Mèdes, les Assyriens, les Indiens, les
Ariens, avec plus ou moins de fer et de bronze
dans leurs armes, tandis que l'Arabe avait encore
la flèche à pointe de pierre aiguisée et que le
Lybien lançait un javelot de bois durci au feu,
comme le font aujourd'hui les sauvages les plus
dégradés du monde.

Si nous revenons aux Gaulois, nous verrons qu'ils
étaient favorisés par la présence du minerai dans
leur sol et aussi par les forêts immenses qui couvraient alors la contrée ; aussi la simple nomen-
clature des parties de la France où se voient
les traces de ces anciens travaux nous entraine-
rait déjà bien loin, et nous ne donnerons que les
principales.

Dans le Périgord, où abonde encore le minerai de
fer, le sol est véritablement jonché de scories ; ces
témoins forment parfois des amas d'une importance considérable. L'un d'eux, au sommet du co-
teau de Saint-Frond-de-Coulvey, occupe une su-
perficie de quatre cents mètres carrés environ, et
sa haute antiquité est affirmée par ce fait que, dans

les couches supérieures, la scorie s'est décomposée et transformée en terre végétale.

Dans l'Aveyron, l'Indre-et-Loire, la Vienne, la Nièvre, la Sarthe, l'Orne, la Haute-Marne, la Meurthe, l'Isère, le Gard, etc., on a signalé d'antiques vestiges du travail du fer [1].

Dans son intéressante étude sur les mines de Thoste et Beauregard (Côte-d'Or), encore exploitées aujourd'hui, M. A. Évrard a signalé l'emplacement d'une centaine d'anciennes forges, dont une bonne partie, sinon toutes, seraient romaines.

Mais si nous passons dans l'ouest de la France, nous allons y trouver encore des témoins nombreux et considérables de cette antique industrie. Toute la surface qui s'avance en pointe dans l'Océan, au nord-ouest, et serait limitée vers l'est par une ligne brisée tirée du Havre à Nantes par le Mans, est parsemée d'amas de scories anciennes.

Il est certain que sur ce vaste territoire le travail du fer s'exécuta sans interruption pendant une longue série de siècles; on a pour le démontrer, en premier lieu, la diversité de nature des scories sur le même point indiquant des perfectionnements ou changements dans les méthodes de travail ; ensuite , l'ancienneté plus ou moins

[1] Voir l'aperçu historique des métaux dans la Gaule par M. Daubrée, membre de l'Institut.

grande des amas de scories, déduite aussi bien de l'état de décomposition où on les trouve, que des instruments, monnaies, etc., qu'elles renferment. Nous voyons, par exemple, des voies romaines, comme celles de Ballé à Épineux (Mayenne), empierrées au moyen de scories de fer ; nous avons même rencontré dans nos courses, en Bretagne, deux faits à signaler : entre Saint-Michel et Juigné-les-Moutiers (Loire-Inférieure), près de la ferme de la Garenne, nous avons observé des scories de fer qu'une tranchée avait mises à découvert après avoir recoupé d'abord une couche d'argile de $0^m,80$ d'épaisseur, et un lit de tourbe de $0^m,20$.

Dans les mêmes parages, à Chanveau, se trouve l'emplacement d'une ville aujourd'hui détruite, et, parmi les restes remarquables de ce lieu maintenant solitaire et entouré de forêts ou landes incultes, nous avons vu une enceinte, qui devait défendre un château aujourd'hui disparu, dont les murs très-épais ne sont autre chose que des amas de scories sur lesquels la végétation est devenue assez active.

Aux environs de Segré, ce sont des poteries se rattachant à l'époque romaine, dont on trouve parfois les débris au milieu des scories ou des anciens travaux de l'exploitation de mines de fer.

Au Mans, à Redon, etc., les médailles romaines se mêlent à celles de nos anciens rois, au milieu des amas de scories anciennes. En résumé, il semblerait que si les maîtres du sol changèrent l'industrie du fer ne cessa jamais d'avoir son cours.

Enfin, sur les hauteurs qui avoisinent la rade de Brest, auprès de Landevennec, nous avons rencontré des culots de creusets anciens ; on traitait là un minerai assez peu régulier, et qu'on trouverait sans doute insuffisant aujourd'hui.

Ces scories de fer, qui abondent partout dans l'ouest de la France, y portent le nom expressif de mar-de-fer, « la mère du fer » ; ailleurs on dit mâ-de-fer, et, par corruption, dans le centre, la Loire par exemple, mâchefer. Mais quelle longue série de siècles n'a-t-il pas fallu pour produire ces quantités considérables de scories, si l'on songe à la lenteur des procédés antiques !

Ce qui est encore un indice de l'immense travail accompli par nos pères en Bretagne, c'est l'examen des traces de leur exploitation des mines de fer ; j'ai vu des couches puissantes régulièrement exploitées sur 10, 15 et même 20 mètres de profondeur, et cela pendant des kilomètres de longueur ; sur d'autres points, ce sont des amas importants de minerais de fer superficiels, fouillés et enlevés de toute part, pendant que les scories, non-seulement forment aux environs de véritables collines,

mais ont servi et servent encore à l'empierrement
de tous les chemins du voisinage : c'est ce que l'on
voit à Charmont, près de Segré.

D'ailleurs les Tumulus de la Gaule renferment
souvent des épées de fer, et si, vers le quatrième
siècle avant notre ère, les Gaulois défirent si complétement les Romains à Allia, on peut croire que
leur bravoure était secondée par un armement supérieur où le fer dominait.

Au delà de ces dates qui nous sont fournies par les
Romains dans le récit de leurs luttes contre les Gaulois, l'histoire est muette pour nous éclairer sur les
travaux sidérurgiques de nos pères; mais il nous
semble très-probable qu'ils y étaient habiles depuis une époque fort lointaine.

Le premier historien de la Gaule, Jules César,
ne manque pas de mentionner la perfection et l'importance du travail du fer en Bretagne; c'est avec
étonnement que le grand général voit ces *bar-*
bares, les Vénètes, qui peuplaient les côtes de
l'Océan, forger des chaînes et des ancres pour
leurs navires, pendant que les Romains employaient encore des cordages en chanvre pour
retenir leurs vaisseaux. L'industrie du mineur, si
intimement liée à celle du forgeron, fut même uti-
lisée par nos pères pour essayer de résister aux en-
vahisseurs. César nous l'apprend encore, quand

il nous dit qu'au siége d'Avaricum (Bourges) les habitants de la ville, habitués aux travaux des mines de fer, établissaient de longues galeries souterraines au moyen desquelles ils venaient saper les terrassements que les Romains élevaient autour de la ville. Depuis cette époque, les choses ont peu varié aux environs de Bourges : on y trouve encore une population de mineurs, et, dans les vastes plaines avoisinantes, le sol est parfois tellement criblé de petits puits de mine que le promeneur, non prévenu, court un véritable danger ; ces puits, de petit diamètre, ont une profondeur qui atteint souvent 25 mètres. Remarquons de plus que les engins d'extraction du mineur de nos jours sont tellement primitifs qu'ils doivent lui arriver en droite ligne de ces Gaulois dont parle César.

Chose assez surprenante, le Romain est un des derniers peuples de l'Europe qui semble avoir été initié, non point à l'usage, mais à la fabrication du fer. Ce métal était, en effet, usité sur le territoire qui avoisine Rome avant la fondation même de Rome, ainsi que l'ont montré les fouilles des cimetières d'Alba Longa ; mais — comme aujourd'hui d'ailleurs — le fer devait y arriver de l'étranger. L'Étrurie, la Norique, la Styrie, l'Autriche, la Bavière, etc., procuraient aux Romains ce métal si

précieux chez un peuple guerrier, et vers le quatrième siècle avant notre ère, il devint si abondant qu'on l'employa *même au travail des mines.*
On pourrait croire en voyant l'essor de la sidérurgie chez certains peuples conquis par les

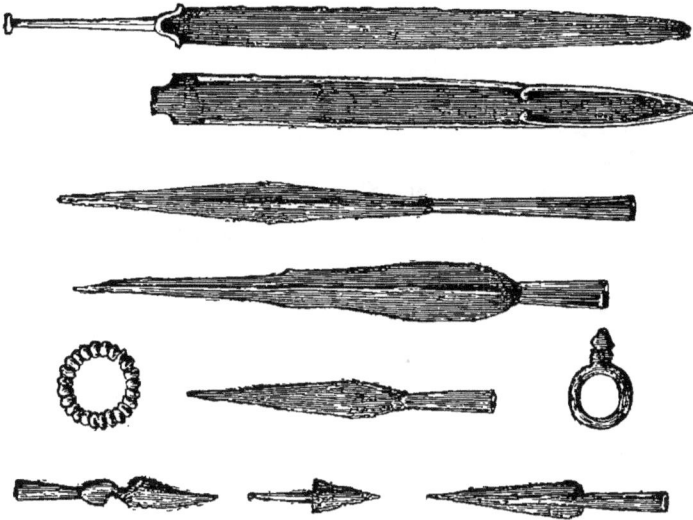

Armes et ornements en fer des Gaulois à l'époque de la conquête romaine.

Romains, qu'ils y firent pénétrer les méthodes
perfectionnées de traitement du fer que nous
voyons encore, aujourd'hui, inséparables de la
grandeur militaire des nations.

III

Les anciens, qui faisaient un usage fréquent du fer, n'avaient pas manqué de reconnaître ses principales propriétés. Ils distinguaient déjà le métal en *fer* et *acier*, classification qui s'est perpétuée jusqu'à nos jours et ne subira point sans doute d'atteintes sérieuses, car elle semble la plus rationnelle, c'est-à-dire la plus simple : quand le métal ne peut pas prendre la *trempe*, c'est du fer; quand il la prend, c'est de l'*acier*, et ceci indépendamment du mode qui a été employé pour obtenir la matière.

Ce furent les Égyptiens qui observèrent, dit-on, les premiers, le phénomène de la « trempe, » et cela au moins 1,600 ans avant notre ère; ils re-

marquèrent que certaines qualités de fer durcis-
saient si on les plongeait subitement dans l'eau
froide après les avoir chauffées au rouge : l'*acier*
était trouvé. — Il faut ajouter qu'on n'obtenait
alors cette substance que par hasard, à cause de
l'imperfection des méthodes et de l'ignorance complète des réactions chimiques; mais nous devons
avouer, en même temps, que cette impuissance
d'obtenir à volonté de l'acier a duré jusqu'à ces
dernières années, et qu'aujourd'hui même la théorie
n'est pas encore trouvée.

Une autre propriété des plus importantes du fer,
celle qui lui permet de se souder à lui-même, ne
fut connue, d'après Hérodote, que 560 ans avant
Jésus-Christ. Cet historien nous dit, en effet,
qu'Alyathe le Lydien, fit présent au temple de
Delphes, d'un vase d'argent et d'une soucoupe de
fer soudé qui était de tous les objets consacrés à
Delphes le plus digne de remarque. C'était l'œuvre
de Glaucus de Chios qui, *le premier de tous les
hommes*, inventa l'art de souder le fer.

Une date aussi récente nous confirmerait simplement dans ce fait que les Grecs étaient encore
tout à fait dans l'enfance de l'art sidérurgique; il
n'est pas possible, en effet, de douter que, dès les
premiers âges du fer, on ne se soit aperçu que le
métal se soudait, d'autant mieux que, par le mode

3

de préparation même du fer, on n'en obtenait à la
fois que des quantités si minimes qu'il fallait forcé-
ment les souder entre elles pour former la plupart
des objets dont on avait besoin.

La perfection de travail à laquelle les Gaulois,
par exemple, étaient arrivés, prouve qu'ils étaient
absolument maîtres du fer qu'ils façonnaient, soit
en parures délicates, soit en lourdes épées, dont
les fourreaux sont des chefs-d'œuvre; ils faisaient

Objets en fer des Romains trouvés à Alize.

même en fer les roues des chars de leurs chefs;
les jantes en étaient creuses, ce qui était rationnel,
mais d'une exécution très-difficile.

Il paraît bien toutefois que ce fut seulement vers
le douzième siècle de notre ère que le travail ar-
tistique du fer atteignit son apogée.

Les habitants des Pays-Bas surtout se montrèrent
habiles à donner au fer ces formes déliées, hardies,

gracieuses que nous admirons encore. Aussi au
moment où l'artillerie apparut, ces contrées furent
les mieux préparées pour la construction des bouches à feu, et c'est en effet sur une des places de
Gand que l'on peut admirer le plus gros canon de
fer forgé que l'Europe ait produit jusqu'à ces der-

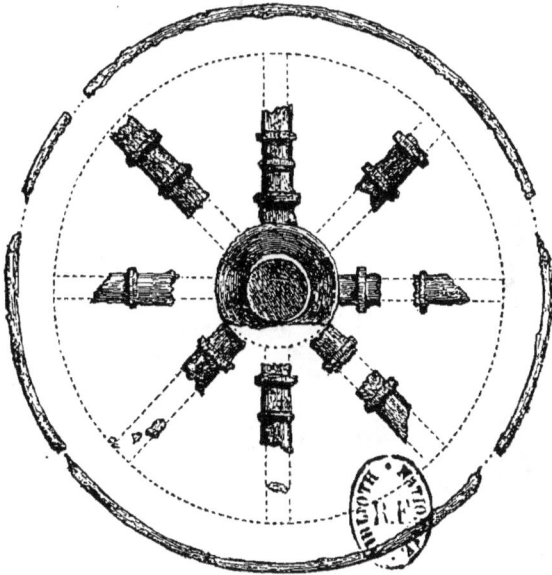

Roue de grand diamètre à jante creuse forgée par les Gaulois.

niers temps : ce colossal pierrier a 6 mètres de longueur sur $3^m,66$ de circonférence; sa bouche
mesure $2^m,70$ de contour : il a été construit à la
manière des canons de fusil dits *à rubans*, c'est-
à-dire qu'il se compose de lames ou *rubans* de fer,
enroulés et soudés les uns sur les autres; pen-

dant que des cercles de fer ou *frettes* entourent et renforcent le tout : le poids de ce colosse est de 16,803 kilogrammes.

C'est de ce canon dont parle sûrement l'historien Froissard quand il nous dit, à propos du siége d'Audenarde par les Gantois (1382) :

Quatorzième siècle. — Le gros canon de Gand en fer forgé

« Pour plus ébahir ceux de la garnison d'Audenarde, ils firent faire et ouvrer une bombarde merveilleusement grande, laquelle avait 53 pouces de bec et jetait carreaux merveilleusement grands et gros pesants, et quand cette bombarde descliquoit, on l'ouïait par jour bien de cinq lieues loin, et par nuit de dix, et menait si grande noise au descliquer, que il semblait que tous les diables de l'enfer fussent en chemin. »

La fonte n'était pas encore connue, car on lançait avec ces bombardes des boulets en pierre ou des barils renfermant un mélange de pierres, de verres, de fer, etc. Mais si l'invention — ou la généralisation de la connaissance — de la fonte, fut cause qu'on ne reproduisit plus en Europe ces énormes pièces de fer forgé, il en résulta aussi qu'on perdit l'art d'en refaire d'aussi volumineuses : le célèbre général anglais Congrève pensait que même les habiles forgerons de sa patrie ne sauraient faire une pièce semblable à celle dont nous venons de parler.

Mais si ces monuments des anciens forgerons subsistent encore en assez grand nombre pour témoigner de leur habileté, il n'en est pas toujours de même en ce qui concerne les méthodes qui étaient employées pour extraire le fer du minerai et le travailler.

C'est cependant là une intéressante question, car si les autres métaux, tels que l'or, le platine, l'argent, le cuivre, n'imposent souvent à l'homme d'autre peine que celle de les rechercher, le fer, au contraire, existe partout : seulement il est très-dif-

ficile de le retirer de ses combinaisons; il serait
donc curieux de connaitre les diverses solutions données par les anciens peuples à la grande question
de l'extraction du fer. Pourtant si l'on songe
que nous pouvons aujourd'hui embrasser d'un
regard et comparer ce qui se fait simultanément
dans le monde entier pour le travail du fer, si
nous réfléchissons que les peuples, étudiés ainsi,
nous offrent le spectacle de tous les degrés industriels, il nous sera sans doute permis de penser
que les méthodes les plus primitives aujourd'hui
usitées ne sont autres que celles employées dès
les premiers temps de l'âge de fer et qui se sont
perpétuées jusqu'à nous, sans être modifiées par les
siècles. N'avons-nous pas l'âge de pierre dans toute
l'Océanie et une partie de l'Amérique? et pourtant
l'or et le cuivre natifs ne manquent ni à l'habitant
de la vaste Australie, ni à celui de la Nouvelle-Calédonie. Les études récentes ont même montré qu'il
existe un âge intermédiaire que l'on peut appeler
l'âge du métal natif ou de la pierre métal. Les indigènes de l'Amérique ne poussèrent pas leur science
au delà de cet âge; ils connurent, travaillèrent la
pierre métal, mais ne la fondirent point; le cuivre,
l'or, l'argent furent employés par eux sans autre
élaboration que le martelage et le ciselage.

Le même fait se passait en Océanie, aux îles Salomon, si nous nous en rapportons à la relation que me fit un marin digne de foi, qui avait vu les indigènes de cet archipel apporter à son bord des sortes de hache en *cuivre natif* qu'ils échangèrent volontiers contre les haches en fer qu'on leur offrit. On interrogea les naturels et l'on apprit que la mine d'où provenait le cuivre était à une faible distance du rivage. Malgré le danger auquel il s'exposait, notre marin voulut s'assurer par lui-même de l'exactitude du fait. Les indigènes consentirent volontiers à le conduire et après un faible parcours dans l'intérieur des terres, il put voir une série de bancs de cuivre natifs, de quelques centimètres d'épaisseur, parallèles entre eux et séparés par des filets d'une roche quartzeuse. On a pris la situation astronomique exacte de ce point où personne, à ma connaissance, n'est retourné. Il peut être utile encore de signaler qu'un gisement analogue de cuivre natif existe, dans le voisinage de Balade, à la Nouvelle-Calédonie.

Nous basant donc sur cette pensée que la sidérurgie actuelle des divers peuples primitifs représente la gamme complète qu'ont parcourue les nations, à la recherche du progrès, dans les siècles écoulés, nous allons passer rapidement en revue les divers modes par lesquels les races modernes, les plus primitives, fabriquent encore le fer.

La sidérurgie la plus embryonnaire se trouve chez les Esquimaux du Groënland qui, avant l'introduction des produits européens, se servaient du fer météorique pour fabriquer des armes et des couteaux ; ils avaient remarqué que cette pierre se brisait en écailles sous le choc ; ils prenaient, sans autre préparation, des fragments de même dimension et les emboîtaient dans une rainure pratiquée dans un manche de bois, où elles étaient simplement maintenues par le coincement des unes contre les autres ; cette lame double, dentelée, à éléments multiples et *imbriqués*, remplaçait avantageusement les couteaux et les pennes de leurs flèches pour lesquelles ils avaient employé auparavant les dents de requins.

Les Esquimaux du Sud chez qui cet usage existait, allaient sans doute puiser la matière première de cette industrie vers les blocs abondants que les voyageurs ont depuis découvert dans ces parages au Nord du 75ᵉ degré de latitude. John Ross rapporte que les Esquimaux qu'il rencontra par 75° 55 de latitude N., bien qu'ils ignorassent l'existence de leurs congénères du Sud, avaient les mêmes couteaux bizarres et qu'ils tiraient le métal de Savarik (Mont de fer), au N. O. du Cap York par 76° 10 de latitude N. et 65° de long. O.

Le fer, ainsi employé par les Esquimaux contient

3 pour 100 de nickel ; il est dur, cassant et ne peut ni se marteler ni se forger ; son emploi remonte à une haute antiquité puisqu'on retrouve les couteaux dont nous venons de parler dans les tombeaux les plus anciens.

Nous croyons devoir mentionner ici une hypothèse qui a quelque intérêt ; c'est que, sur la surface du globe, les fers météoriques ont dû tomber un peu partout, mais que les hommes en ayant tiré parti pour la fabrication de leurs instruments, nous n'en trouvons plus guère de trace ailleurs que dans les contrées que la nature a rendues presque inhabitables. C'est ainsi que le voisinage du pôle Nord est riche en fer météorique ; le docteur Nordenskiolden y a récemment trouvé des masses nombreuses qui atteignaient le poids de 20,000 kilogrammes [1] et contenaient 85 pour 100 de fer, 2 de nickel, 10 de carbone et de matières volatiles.

Les steppes de la Sibérie ont encore conservé quelques-uns de ces fers météoriques, et Pallas, qui les rencontra le premier, nous rapporte que les misérables habitants de ces parages détachaient des lamelles de ces bolides et les martelaient pour en faire des instruments de travail.

[1] A Ovifak, sur la côte Sud-Ouest de Disco (Groënland.)

En Laponie, le même fait est constaté.

Si nous passons en Amérique où l'abondance des autres métaux aurait dû faire dédaigner le fer météorique, nous y trouvons le même usage signalé par Americ Vespuce, mais en un point seulement, à l'embouchure de la Plata. Au Mexique les fers météoriques étaient nombreux. Les Espagnols en firent disparaître tous les vestiges. Naturellement le premier forgeron qui trouva une masse semblable s'empressa de l'utiliser, sans se préoccuper de son origine céleste, sans même chercher à en tirer, ainsi qu'on l'a fait pour le grand patriote Bolivar, quelque épée digne d'être offerte comme la plus précieuse et la plus haute marque de la reconnaissance d'une nation.

En Afrique on a vu les Maures des bords du Sénégal forger une masse de fer météorique dont le métal se trouvait malléable.

Les peuplades africaines, même celles que les voyageurs nous ont montrées comme les plus barbares connaissaient le travail du fer.

Au Sénégal, nous avons vu les hordes indigènes dépecer un bloc de fer céleste pour le forger.

Assez avant dans l'intérieur de la côte orientale du grand continent barbare, à Camalia, sur les bords de la Gambie, les nègres fondent le fer par un procédé analogue à celui que nous avons vu employer par les anciens habitants du Jura Bernois. Le four a 3^m,50 de hauteur et 1 mètre de largeur; des cercles extérieurs le protègent contre les effets de la chaleur. Sept tuyaux en argile apportent l'air à l'intérieur. Suivant les besoins, le fondeur laisse ouverts un certain nombre de ces tuyaux; il peut ainsi augmenter ou ralentir l'ardeur du foyer. Cependant, au début, pour allumer les charbons, on se sert de soufflets en peau de chèvre; on charge ensuite des couches alternatives de minerai et de charbon. Après un jour ou deux on fait agir le vent des sept tuyaux; la chaleur est alors très-forte; une flamme bleuâtre s'élève bien au-dessus du fourneau; enfin, vers le troisième jour, on arrête le vent et on le laisse refroidir. On ouvre ensuite le fourneau à sa base et le fer apparaît en une grande masse irrégulière: il est sonore et grenu comme l'acier, mais une bonne partie a besoin d'être réchauffée plusieurs fois avant de pouvoir être utilement employée.

Mungo-Park, qui observa cette méthode, prétend que les indigènes du littoral ne connaissaient point le travail du fer; mais il eût été plus juste de dire que les peuplades qu'il visita ne préparaient point le fer, soit par manque de minerais, soit parce que les Européens pouvaient déjà les approvisionner facilement et les dispenser ainsi d'un

travail lent, pénible, et d'un résultat incer-
tain.

D'autres voyageurs nous ont, en effet, appris que,
sur cette même côte orientale d'Afrique, les indigènes traitent le minerai de fer; mais ils y emploient un procédé tout différent. Ils pratiquent
dans le sol une cavité cubique de $0^m,15$ environ de
côté qu'ils surmontent d'une cheminée conique en
terre cuite dont la base présente deux ouvertures
établies à angle droit. L'une de ces ouvertures reste
fermée pendant le travail, l'autre laisse pénétrer le
vent de deux soufflets, qu'un homme fait mouvoir
alternativement, pendant que son compagnon jette
successivement dans le foyer du charbon et du minerai. On a eu le soin de pulvériser le minerai, ce
qui facilite son attaque par un feu aussi peu intense; de plus, on n'en met à la fois qu'une *pincée*,
pour ainsi dire. On poursuit cette manœuvre jusqu'à ce que l'on ait chargé deux à trois livres de
minerai; à ce moment on donne un « coup de feu, »
on démasque l'ouverture et on retire un culot plus
ou moins recouvert et mélangé de cendres et de
scories, qui sont enlevées facilement par un martelage, lequel donne du premier coup, paraît-il, un
fer, dont la qualité d'ailleurs est assez mauvaise.
Nous remarquerons dès à présent que cette méthode est exactement la même que celle qui est

employée par les Tartares de la Sibérie, d'après le
récit de Gmelin.

L'observation de ce procédé a encore ceci d'intéressant, qu'il est également analogue à celui que les
Grecs employaient, si l'on en juge d'après certains
passages des auteurs.

En Afrique, le travail du fer varie donc avec les
lieux. Au sud, nous voyons, d'après les récits de
Le Vaillant (1780), que les Cafres, qui bordaient
au nord les possessions hollandaises du Cap, étaient
fort avides de fragments de fer; aussitôt qu'ils
en avaient obtenu quelques parcelles ils s'em-
pressaient de les transformer en pointes de flèche,
de lance ou de quelque autre objet à leur usage. Dans
leurs travaux, le marteau n'était qu'une pierre, qui,
par sa forme, se trouvait facilement maniable. Leur
enclume elle-même était une simple roche; ils
chauffaient le fer dans un grand feu, dont ils acti-
vaient l'ardeur par le vent d'un soufflet primitif et
simplement composé d'une peau de mouton, soigneusement fermée par des coutures et nouée à
l'origine des quatre pattes. A l'ouverture qui correspondait à la tête de l'animal était un tube (vieux
canons de fusils, tuyaux de terre, corne de
bœuf, etc.), par lequel s'échappait le vent.

Le Vaillant prétend avoir aussitôt modifié cette
grossière soufflerie et composé un appareil plus

parfait, dont la description correspond à ceux que
l'on a trouvés depuis en Afrique. Ce voyageur au-
rait-il été réellement le promoteur de ce perfectionnement? Nous ne le pensons point, pour diverses
raisons trop longues à énumérer ici, mais dont la
principale est que Le Vaillant semble dans ses écrits
apporter cet esprit d'exagération des anciens voyageurs qui a fait naître, à leur égard, un proverbe
très-répandu, souvent injuste et peu flatteur.

Quoi qu'il en soit, Le Vaillant admettait que ces
sauvages ne connaissaient que l'art de forger le fer
et non la manière de l'obtenir de ses minerais.
Il faudrait plutôt admettre que les hordes errantes
dont il parle étaient à ce moment loin des lieux où se
rencontre le minerai de fer, et ce qui le démontre-
rait, c'est que l'on peut voir dans les récits mêmes
de Le Vaillant, que l'une de ces tribus nomades ne
pouvait se procurer du fer à cause de son état de
guerre avec les *Tamboukis*, qui lui en vendait auparavant.

Un voyageur moderne, le missionnaire Casalis,
nous apprend d'ailleurs que les Cafres savent produire le fer ; mais la nation dont il parle, habite un
pays où, paraît-il, le minerai est abondant : il s'a-
git des *Bechuana* ou *Bassoutos*, qui occupent la
portion de la Cafrerie située sur le versant occi-
dental de la chaîne de montagnes qui limite à l'in-

térieur la terre de Natal. Chez ces peuples le forgeron prend le nom de « médecin du fer; » on peut
dire qu'il forme une caste à part et la plus consi-
dérée de toutes. N'entre pas qui veut dans cette cor-
poration, et pour être reçu comme simple apprenti,
il faut non-seulement payer très-cher, c'est-à-dire,
donner au moins un bœuf, mais encore se soumettre à des opérations magiques particulières. Pourtant les moyens employés sont des plus primitifs.
Là, aucun fourneau, sauf un âtre, une « sole » circulaire, qui reçoit un monceau de charbon de bois,
entourant quelques morceaux de minerais : le charbon est allumé, aussitôt les noirs disciples de Vulcain activent sa combustion en mettant vigoureusement en œuvre des soufflets dont le vent arrive au
foyer par plusieurs tuyaux en terre cuite qui con-
vergent, comme autant de rayons, vers le feu cen-
tral. Lorsque le chef de la bande juge que l'opération
est terminée, il suspend le travail et l'on retire une
matière ferreuse, scorifiée, impure ; on la porte
telle quelle sur un bloc de granit ou de basalte; un
athlétique ouvrier saisit à deux mains une grosse
pierre conique et frappe vivement la masse incandescente qui, très-mélangée de laitiers, éclate en
divers fragments ; ceux-ci sont triés avec soin, les
plus pauvres en fer sont rejetés, pendant que les
plus riches s'ajoutent ensemble pour former une

seconde opération. On répète d'autant plus ce travail, qu'on désire davantage un fer pur. Le plus souvent néanmoins les forgerons s'arrêtent à un fer très-
mélangé de scories et de cendres, mais qui suffit à
leurs besoins : on remarque toutefois, que si l'opération est poussée jusqu'à complète purification du
métal, celui-ci est très-dur.

Un métallurgiste sera frappé de la grande quantité de charbon de bois qui doit être employée
avec ce procédé pour arriver à un faible poids
de fer, et cette observation expliquera sans doute
pourquoi on trouve plus fréquemment cette élaboration grossière du robuste métal dans l'intérieur du continent africain que sur ses côtes où
les navires des blancs apportent toujours en plus
ou moins grande quantité un fer qu'on obtient à
bien meilleur marché que celui dont nous venons
de raconter l'histoire.

Nous avons vu que ces Bassoutos se servent d'un
marteau de pierre ; cela tient à ce qu'ils ne peuvent
facilement assembler une masse de fer suffisante
pour cet usage ; il n'y a que les petits marteaux,
employés au façonnement définitif du métal, qui
soient en fer ; des tenailles complètent le matériel.
Avec ces faibles moyens, le fer sous leurs mains
habiles revêt cependant toutes les formes ; ils le
soudent à lui-même et en composent des pièces

Forgerons des environs du lac Chirwa (Afrique), d'après le docteur Livingstone.

4

d'une certaine importance. Naturellement le métal
de Mars ne doit pas manquer à ses traditions, et
nous le voyons ici se transformer tout d'abord en
fer de lance, en hache de combat, en couteau à
deux tranchants. Parfois il revêt une forme plus
pacifique et devient une aiguille, ou plutôt une
alène, puis une spatule d'un singulier usage, d'a-
près M. Casalis, puisqu'elle remplacerait nos mou-
choirs chez ces gens à l'épiderme peu délicat.

Nous n'avons point encore décrit les soufflets qui
animent le brasier, et c'est là un instrument capital dans toutes les fabrications du fer. Ils se composent en Afrique de sacs longs et étroits, maintenus
intérieurement par des cerceaux de bois, de façon à
ressembler à une nasse, qui, d'un côté se termine
par un tube, et de l'autre par une ouverture, munie
de deux baguettes parallèles disposées de façon à
pouvoir faire l'office de soupape en s'éloignant ou
se rapprochant sous la main de l'ouvrier. L'opérateur introduit et fixe dans le canal en terre qui communique avec le foyer le tube du soufflet, puis de la
main il refoule ou détend le sac, en ayant soin de
fermer l'ouverture du sac pendant qu'il le pousse
et de l'ouvrir quand il le retire pour l'emplir d'air
à nouveau. L'homme s'assied à terre pour cette opération et manœuvre habituellement un soufflet de
chaque main, en ayant soin d'alterner le mouve-

ment de ses bras, pour que le courant d'air ne cesse
d'aviver le brasier [1].

Livingstone a vu travailler le fer chez la plus grande
partie des peuplades africaines qu'il a visitées ; les
montagnes qui s'élèvent au sud du lac Chirwa fournissent un minerai dont le travail est la principale
industrie des indigènes ; chaque village a son four
de fusion, ses charbonnières, ses forgerons : on y
fait de bonnes haches, des lances, des fers de flèche, des bracelets ; les producteurs sauvages vendaient même ces objets à des prix très-bas ; on
pouvait avoir une houe pesant plus de deux livres
pour un morceau de calicot de huit pence.

Nous donnons deux vues de ces forges africaines [2].

Dans la seconde on remarquera que la soufflerie
est d'un genre spécial. Elle se compose de deux
caisses en bois, semblables à des tambours dont la
peau supérieure serait lâche au lieu d'être tendue ;
un bâton fixé à cette peau la soulève et l'abaisse
alternativement, aspirant et refoulant l'air.

C'est le long du cours moyen du Zambèze que

---

[1] Ce procédé de soufflerie rappelle celui des anciens Portugais
ou Lusitaniens, qui est décrit dans l'ouvrage du docteur Georges
Agricola (édition de 1857) et dont nous donnons plus loin le dessin.
Il ne servait du reste en Lusitanie qu'à fondre le plomb et ne permettait même qu'une faible production. C'était bien pis, quand il
s'agissait de la fonte des minerais de fer.

[2] Elles sont extraites du recueil le *Tour du monde*.

Forgerons des bords du Zambèse (Afrique), d'après le docteur Livingstone.

Livingstone observa pour la première fois ce genre de soufflets. Il a été remarqué depuis, par Sir S. Baker, à Latouka; la distance qui sépare les deux points d'observation est d'environ 500 lieues.

Le même soufflet est encore usité dans l'Inde pour le travail du fer, mais avec un perfectionnement qui consiste en ce que la partie mobile du soufflet, est maintenue toujours relevée par la traction d'un jonc assez fort disposé en ressort. Il faut presser du pied et du poids de tout le corps pour abaisser le fond mobile et refouler le vent; deux soufflets semblables sont accolés, et un homme debout, ayant un pied sur chacun d'eux, les fait mouvoir alternativement.

A 100 lieues environ vers le nord de Latouka, s'étendent des territoires récemment visités et étudiés par le docteur Schweinfurth. Les indigènes y travaillent le fer par des méthodes trop originales pour être passées sous silence. Tout un district se compose de plaines dont le sous-sol est une couche de minerai de fer limoneux. Grâce à l'exploitation de ce minerai les habitants fabriquent non-seulement tout le fer dont ils ont besoin, mais encore celui qui s'emploie chez leurs voisins les Dinkas et même à Khartoum. Aussi chacun est-il forgeron, et le produit de ce travail, sous la forme de bêche ou de fer de lance, est la monnaie courante du haut Nil.

Les Diaoûrs quittent leur village, en mars, avant les semailles, et vont dans les forêts les plus boi-

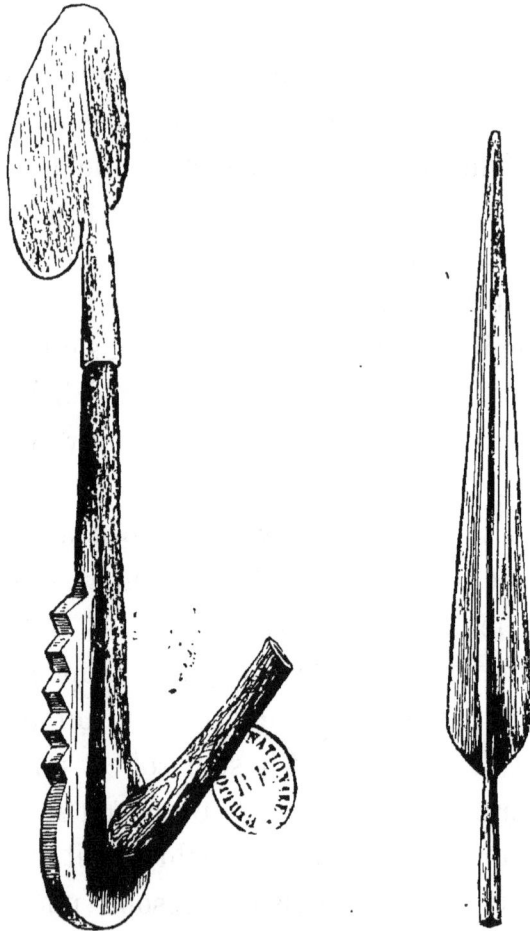

Fer de lance et fer de bêche des Diaoûrs.

sées où ils établissent jusqu'à douze fourneaux à la fois. Ces fours sont des cônes d'argile de 4 pieds de hauteur, la cuvette supérieure reçoit le minerai assez finement concassé, pendant que l'évidement inférieur est rempli de charbon et surmonte un petit *creuset* pratiqué dans le sol même; c'est là que descendent les scories et la fonte, après avoir traversé le charbon. Quatre ouvertures ménagées dans le bas, permettent, l'une, l'enlèvement des

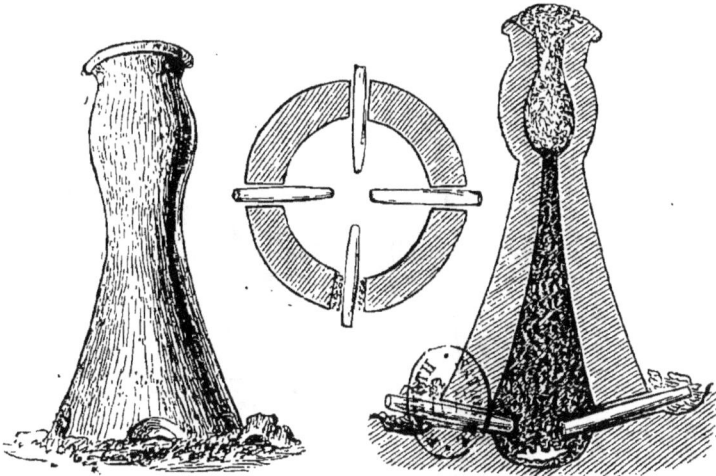

Fourneau des Diaoûrs.

laitiers; les trois autres, plus petites, reçoivent des tuyaux à vent qui arrivent jusqu'au centre du four.

Le tirage est naturel et doit même être modéré. L'opération dure 40 heures : on l'arrête quand la flamme jaillit à la partie supérieure du four. Le métal déposé est repris par le feu sur une sole d'argile ; les parcelles les plus ferreuses sont battues avec une grosse pierre et réunies en un lingot qu'on martèle encore pour en exprimer la scorie.

Le métal obtenu est très-homogène et très-malléable.

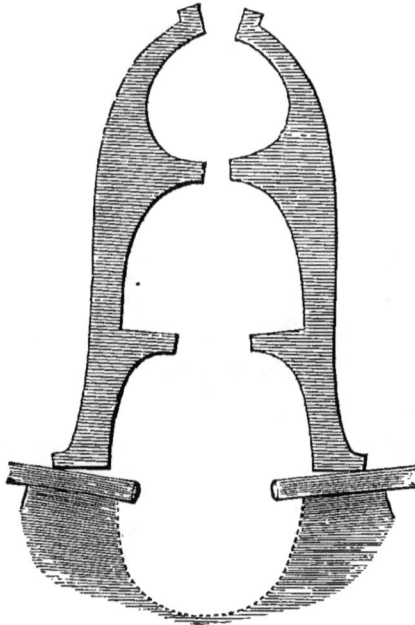

Coupe verticale du fourneau des Bongos.

Pour faire leur charbon, les Diaoûrs se bornent à entasser des buchettes au-dessus d'un foyer jusqu'à ce que celui-ci s'éteigne ; ils font ce que nos métallurgistes appellent du *bois roux*.

Ce peuple fait très-habilement des anneaux de fer ; les hommes s'en garnissent l'avant-bras, les femmes le nez et les oreilles qui en sont surchargés. Ils s'en font aussi des colliers où chaque grain est un petit cylindre de fer.

La tribu des Bongos, qui limite au sud-ouest les Diaoûrs, travaille encore mieux le fer. Leur fourneau est toujours en argile. Il a 5 pieds de hauteur et trois compartiments d'égale dimension ; celui du milieu reçoit une alternance de couches de mi-

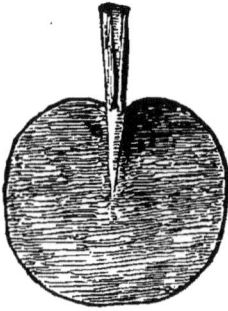

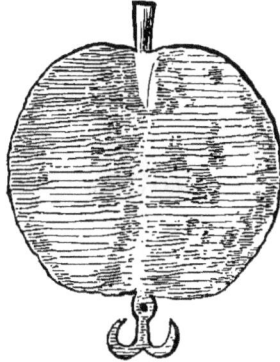

Fer de bêche.   Monnaie de fer des Bongos.

nerai et de charbon ; les deux autres ne renferment que du charbon. Quatre trous à la base permettent de retirer les scories et d'introduire le vent des soufflets ; une cinquième ouverture laisse écouler le métal qui emplit le creuset inférieur.

Les Bongos comme les Diaoûrs, font un actif commerce de fer ; mais outre les fers de lance et de bêche, ils ont une monnaie, que les favorisés du

sort emmagasinent pour faire à l'occasion les achats
qui leur plaisent.

Les armes et les parures, anneaux, clochettes,
boutons, agrafes, épingles de fer, sont d'un fini
parfait. Les hommes ornent et protègent leurs bras

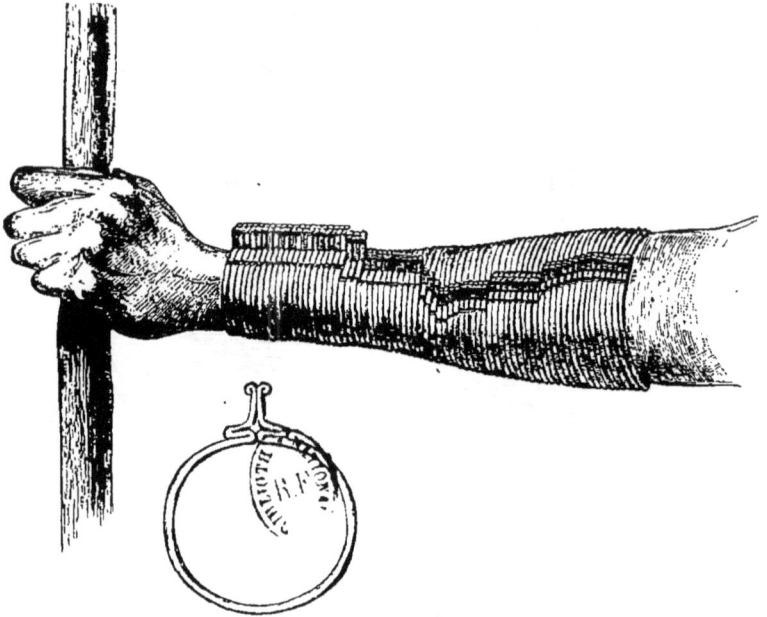

Brassard en anneau de fer des Bongos.

par une série d'anneaux de fer qui en épousent habilement toutes les formes. Ils ont aussi une arme de
fer des plus terribles, le troumbache, qui se compose
de plusieurs lames à bords tranchants et à pointe
très-aiguë; on peut la lancer contre son adversaire.

Dans le nord de l'Afrique le travail du fer suivit

longtemps les progrès de l'Europe ; toute la province d'Oran si riche en minerais, est jonchée de
leurs scories ; dans les environs du cap Noé (massif

Jeune chef Bongos portant le troumbache et la lance.

des Traras) on rencontre d'anciennes exploitations,
ainsi que de nombreux tas de scories, recouverts
parfois de tufs de formation moderne.

Ces travaux sont dus aux Romains et aux Kabyles : ceux de ces derniers se reconnaissent aux ruines et aux cimetières qui les avoisinent.

Si de l'Afrique nous passons à l'Asie, nous y verrons employer des procédés analogues. En Cochinchine, par exemple, on agit à peu près comme nous l'avons vu faire au Sénégal. Le foyer où s'opère l'élaboration est recouvert d'une cheminée de $0^m,75$ de hauteur et $0^m,15$ de largeur. On charge alternativement le charbon de bois et le minerai ; puis, au moyen d'un soufflet — que compose un cylindre de bambou dans lequel se meut un piston, — on active la combustion ; une ouverture indépendante de celle par laquelle pénètre le vent permet d'extraire le culot métallique, lequel subit des réchauffages et martelages successifs qui le débarrassent de ses impuretés. On ne fait ainsi qu'une livre de fer par opération ; mais on accouple ces fours, et un seul homme en conduit deux. Les minerais que les Laotiens traitent ainsi (aux environs d'Amnat) sont des *limonites* ; les carbonates et les oligistes abondent dans ces contrées.

Malgré la faiblesse de leurs méthodes, les Annamites font des canons, et l'on peut en admirer un tout incrusté d'argent et couvert d'inscriptions à l'exposition permanente de la marine. Ce canon

a 1^m,80 de longueur environ, et c'est un vrai tour
de force pour des gens qui en sont encore aux plus
primitives méthodes des forgerons.

C'est à mon compatriote, collègue et homonyme,
le regretté Francis Garnier [1], que je dois les rensei-
gnements que je viens de donner sur la sidérurgie
en Cochinchine.

Les Birmans fondent le minerai dans des fours
à tirage direct, semblables à ceux de ce genre que
nous avons décrits.

A Bornéo on fabrique d'excellent fer dans un
foyer qu'alimente une soufflerie dont le piston est
garni de plumes, pour ne pas laisser perdre le vent.
Ce piston est poussé par l'ouvrier dans un sens,
mais il est ramené par une perche disposée pour
faire ressort, comme nous l'avons dit plus haut.

Dans l'Inde, chez ces peuples patients et habiles, nous rencontrons des merveilles qui ne le
cèdent point à celles que l'Europe a pu produire
jusqu'à ces derniers temps. Leur acier fondu,
connu sous le nom de Wootz, fut pendant longtemps regardé comme sans rival pour sa dureté et
son élasticité. Le monument que M. L. Rousselet
a photographié dans les campagnes de Delhi dépasse tout ce que l'on pouvait préjuger de la

---

[1] Voyageur éminent tué, au Tonkin, le 21 décembre 1873. Voir
ses relations dans le *Tour du monde.*

science sidérurgique de ces peuples et surtout de son antiquité parmi eux.

Au centre de la cour d'une mosquée en ruine s'élève une colonne de fer forgé de 7 mètres de hauteur et de 40 centimètres de diamètre; la partie supérieure a la forme d'un élégant chapiteau, pendant que la base s'enfonce dans le sol à une profondeur égale à la partie visible. Ce monument de fer pèse environ 14,000 kilogrammes, et c'est en l'année 517 de notre ère qu'il fut érigé.

Le métallurgiste reste surpris en présence d'un pareil résultat, alors surtout qu'il voit les fils de ceux qui produisirent cette œuvre errer aujourd'hui dans les mêmes lieux, nus, faméliques, indifférents, incapables, aux souvenirs confus... Une civilisation raffinée aurait-elle passé là ? ces jungles n'ont-elles pas toujours été l'abri du fauve?... Non certes, et cette œuvre de fer dont nous donnons le dessin est là pour attester qu'une race savante, hardie, a vécu sur ce sol. Mais le temps, ici comme ailleurs, a tourné le feuillet, et nous devons même nous estimer heureux qu'il ait laissé çà et là quelques témoins de la grandeur des ancêtres de ces nations aujourd'hui dégradées.

Si nous quittons les temps anciens dont les inscriptions seules fixent la date, nous verrons que

La colonne de fer du roi Dhava, près de Delhi, forgée au quatrième siècle
de notre ère, d'après une photographie.

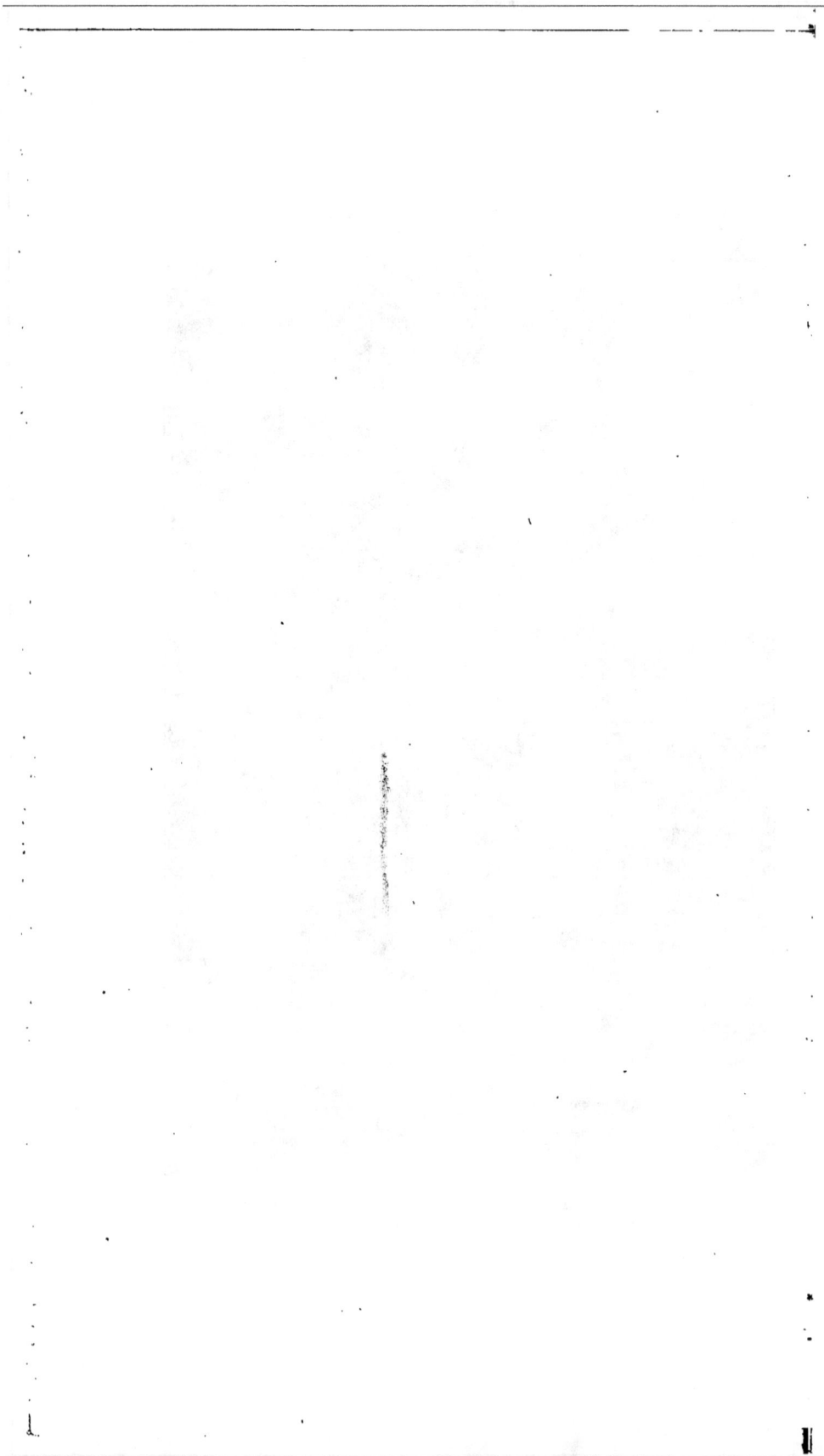

de nos jours, dans l'Asie centrale, à Samarkand, le voyageur Vambery a rencontré d'importantes fabriques de lames de fer pour couteaux, sabres, poignards, etc. Ces instruments s'exportent jusqu'en Perse, en Arabie et en Turquie, où l'on prise non moins le poli damassé des lames que leurs riches poignées d'or et d'argent, souvent incrustées de pierres précieuses. Nous avons parlé de l'acier indien, auquel on attribuait de si grandes qualités aux époques où l'on ignorait le plus la nature intime de l'acier et les moyens de l'obtenir; les imaginations des poëtes allaient alors jusqu'à accorder à l'acier des qualités merveilleuses : c'est ainsi que se sont transmises d'âge en âge nombre de légendes sur la valeur des épées de nos paladins célèbres; l'une des moins curieuses n'est certes pas celle qui a rapport aux épées de Richard Cœur-de-Lion et de Saladin. On sait que, pendant une entrevue qu'eurent ces deux fiers et irréconciliables guerriers, ils essayèrent la force de leurs armes. Richard Cœur-de-Lion fit apporter un barreau de fer et le trancha net du premier coup. C'était merveilleux, et les croisés jugeaient déjà Saladin battu, quand ce chef prit un coussin de soie, tout rempli d'un fin duvet, le lança en l'air, et, avant qu'il n'eût atteint le sol, le trancha de même d'un seul coup.

IV

Les procédés de sidérurgie que nous allons décrire tiennent le milieu entre les méthodes primitives et les opérations si hardies, si gigantesques de notre temps.

On a vu que Porsenna, vainqueur des Romains, leur imposa la loi de n'employer le fer que pour l'agriculture. Cette interdiction aurait pu étouffer la grandeur naissante de Rome qui, vraisemblablement, prenait alors ses armes chez les Étrusques; bientôt affranchis, les Romains semblent avoir, au contraire, perfectionné les moyens d'obtenir le métal qui donnait la victoire, et nous ne tardons pas à voir le fer très-répandu et très- commun chez eux. Aussi a-t-on attribué à cette nation la découverte de la méthode sidérurgique, dite italienne ou catalane qui s'est perpétuée jusqu'à nos jours.

Ce procédé célèbre diffère de tous ceux que nous avons décrits en ce sens que le vent, au lieu d'arriver à la base du foyer, est lancé au-dessus de l'amas de charbon et de minerai ; cette méthode passa de l'île d'Elbe et de la Corse en Espagne et dans les Pyrénées, où nous la retrouvons à l'heure actuelle. La tradition, encore vivante dans ces pays, nous apprend que ces petites forges *à bras* étaient d'abord à feu alimenté par de simples peaux cousues, des outres en un mot. Plus tard apparut le soufflet *en éventail*, si répandu aujourd'hui ; on faisait alors de 5 à 6 kilogrammes de fer par opération.

Mais le besoin du fer se faisant sentir davantage, les foyers s'élargirent, et l'on obtint jusqu'à 15 kilogrammes de métal à la fois.

On a retrouvé un des fourneaux employés alors, et nous en donnons le dessin d'après M. François, ingénieur des mines. On consommait le bois en nature dans le creuset A. Non-seulement ses dimensions devinrent trop faibles, mais sa construction ne convint pas pour le charbon de bois, lorsqu'il fut seul usité, et l'on adopta les formes B et C que nous figurons en coupe et en plan. Dans ces derniers foyers, on pouvait faire, par opération, jusqu'à 50 et 60 kilogrammes de fer.

Plus tard, le creuset devint tout à fait carré, on éleva davantage la face du creuset opposée au vent de manière à augmenter la charge en charbon et en minerai; c'est ainsi que, vers l'année 1750, on arrivait à produire 120 kilogrammes de fer par opération.

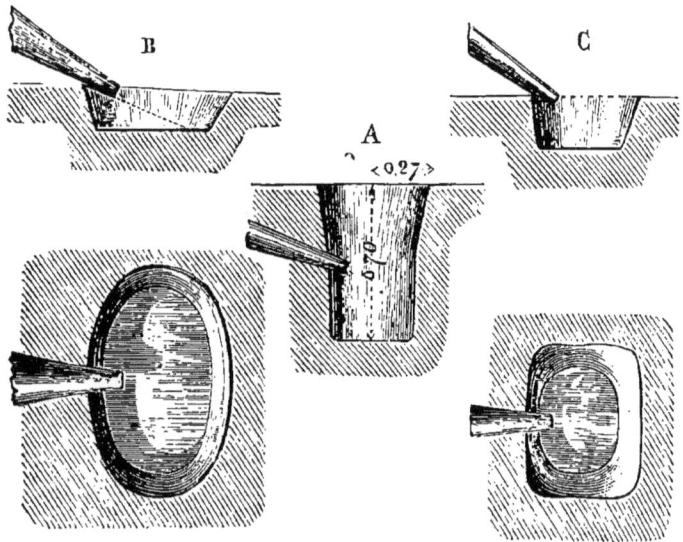

Foyers retrouvés par M. François dans les Pyrénées.

A. Foyer ou creuset d'une ancienne forge catalane.
B. Creuset biscayen du dix-huitième siècle.
C. Creuset catalan du dix-huitième siècle.

On ne s'est pas arrêté là, et les dernières dimensions que l'on a données aux creusets sont de 0^m,60 sur 0^m,70 à la partie inférieure; 0^m,80 de diamètre à la partie supérieure, et de près de 1 mètre de hauteur totale.

Dans toutes les forges à la catalane le vent est lancé par l'intermédiaire du bras de l'homme. Aussi bien le martelage du fer s'exécutait à la main. L'ouvrier, par le moyen d'un mécanisme, soulevait lentement un gros marteau pour le laisser retomber ensuite de tout son poids. Certains de ces marteaux pesaient 1,200 kilogrammes.

Vers l'an 1500 on construisit dans les Pyrénées un marteau mû par une roue hydraulique; mais ce ne fut que plus tard, vers 1700, que l'on importa d'Italie la *trompe*. Nous rappellerons le principe de cette ingénieuse soufflerie qui est le même que celui de l'alimentateur, si connu, de Giffard, sauf que, dans la *trompe* c'est un courant d'eau qui entraîne de l'air, tandis que dans l'alimentateur Giffard, c'est un courant de vapeur qui entraîne de l'eau. Nous représentons cette soufflerie primitive : A est une embouchure conique où arrive l'eau d'un torrent; B est un tronc d'arbre creusé; l'eau qui s'y précipite aspire l'air par les deux ouvertures latérales *o*, *o*. — L'air et l'eau

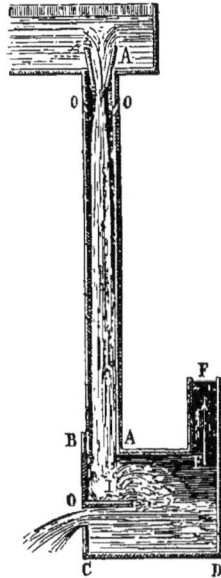

La trompe.

arrivent dans la caisse I, où l'eau s'écoule par *O*,
et l'air par le canal EF qui communique avec le
creuset. — On installe ordinairement deux troncs
d'arbre creux B pour une même caisse, I.

Nous croyons utile d'entrer dans quelques détails
sur la marche de l'opération dans ces foyers.

On chauffe le creuset pendant plusieurs jours
avant de commencer la fusion; le charbon de bois
forme un amas qui s'incline du côté de la face
opposée au vent; c'est sur cette face qu'est placé
le minerai. On charge ensuite des scories, des
matières ferreuses, débris d'opérations précédentes,
sur le charbon de bois : celles-ci fondent facilement et se superposent, dans le fond, au minerai en élaboration, le protégeant contre une
action oxydante qui le changerait lui-même en
laitier. Lorsqu'il y a excès de laitier, on le fait
écouler par un trou spécial. Vers la fin de l'élaboration du fer, on pousse activement le feu, on
réunit en une boule, au moyen du ringard, toutes
les particules de fer qui viennent de se former au
sein du laitier qui les protége contre l'oxydation.
La *loupe* de fer ainsi réunie est enlevée du feu, martelée et étirée en barre. L'opération a duré trois
heures.

Nous donnons ici un intéressant tableau, qui
montre bien l'influence de la perfection du creuset

sur la consommation du combustible; ce n'est qu'une comparaison des foyers catalans du département de l'Ariége aux diverses époques, il en résulte que de nos jours on est arrivé, sans rien changer au principe, à réduire de moitié la consommation du charbon :

ÉPCQUES	EMPLOI POUR OBTENIR 100 KILOGR. DE FER		DURÉE DES FEUX	NOMBRE DE		PRODUCTION ANNUELLE
	MINERAI	CHARBON		FORGES	MARTINETS	
1667	305	593	4 h.	44	8	»
1744	300	442	4h. 48'	33	8	»
1760	300	412	6 h.	31	9	2.681.000ᵏⁱˡ·
1807	322	336	6 »	41	9	3.954.000
1818	316	323	6 »	45	10	4.600.C00
1835	326	305	6 »	50	15	5.566.200
1856	338	310	6 »	52	15	5.319.009

L'industrie du fer à la catalane, qui avait mis tant de siècles à se perfectionner, a disparu en peu d'années. Quelques tentatives ont été faites, dans ces derniers temps, pour rendre la vie à ces antiques procédés; les propriétaires de forêts, surtout, qui voyaient leurs bois, si recherchés jadis, rester sans emploi, ont fait tous leurs efforts pour ramener le commerce vers les anciens fers pyrénéens, mais sans succès. Le temps de ces travaux isolés et à faible production est bien passé; nos besoins sont tout autres; il ne nous suffit plus de quelques lopins de fer péniblement obtenus; ce sont des masses, des torrents du solide métal qui doivent couler aujourd'hui des fourneaux pour satisfaire aux demandes de l'industrie.

Parallèlement à la méthode en usage dans les Pyrénées, la majorité des autres nations de l'Europe faisait progresser divers systèmes de fours dans lesquels le vent arrivait inversement, c'est-à-dire au-dessous de la charge de charbon et de minerai. Ici, la différence entre les divers fourneaux était plus grande encore que pour les feux catalans, car on les faisait varier suivant la qualité des minerais, ce qui est tout dire; on comprendra donc que nous ne décrivions que très-succinctement ces méthodes disparues aujourd'hui.

Les Allemands, qui employaient beaucoup ce genre de fourneaux, leur imposèrent le nom de stuckofen ou fourneaux à masse.

Le stuck ou la masse de fer aciéreux que l'on retire de ces appareils était, nous l'avons vu, généralement de mauvaise qualité, et l'on avait besoin de lui faire subir de nouveaux affinages pour le ramener à l'état de fer ductile ou d'acier.

Nous décrirons, d'après un auteur du seizième siècle, Agricola, le travail très-perfectionné du fer

Une forge du seizième siècle — Grillage des minerais de fer — A. Four de grillage. — B. Estrade du chargeur de minerai. — C. C. Tas de charbon et de minerai.
(Fac-simile d'une gravure du *De re metallica* d'Agricola.)

dans les stuckofen, et l'on verra qu'on était déjà loin de l'ouvrier forgeron du Jura Bernois et de toutes les méthodes que nous avons déjà signalées.

Georges Agricola, docteur et philosophe du royaume de Saxe, dont nous allons traduire un passage, mérite d'être surnommé le père de la métallurgie. Son livre *De re metallica*, écrit en un latin bizarre, est cependant l'ouvrage le plus complet sur cette matière que nous aient légués les anciens; j'ai puisé mes extraits, texte et dessins, dans l'édition de MDCLVII.

En premier lieu, Agricola nous apprend que pour extraire le métal de ses minerais, on emploie un foyer de quelques pieds de hauteur et de diamètre, mais de dimension variable suivant les quantités que l'on veut obtenir. On active la combustion des charbons au moyen du vent que produisent des soufflets mus par une roue hydraulique, et la fusion des terres est aussi facilitée par une addition de chaux. L'opération dure huit et même douze heures; les laitiers s'écoulent au dehors par une ouverture disposée à cet effet. On obtient ainsi une masse ferreuse qui peut atteindre cent livres de poids; le maître fondeur et ses aides la retirent du four au moyen de ringards en fer, et lorsque la loupe est à terre, ils la frappent vigoureusement avec des marteaux de bois pour en exprimer les

scories et rapprocher les molécules de fer. C'est
alors qu'on amène la loupe sur l'enclume d'un
martinet, commandé lui-même par une roue à
cames; c'est là que s'achève le soudage des molécules de fer, et qu'on obtient une masse que l'on
découpe avec un ciseau et des marteaux en quatre
ou cinq parties. Chacune de ces pièces est elle-
même reprise par le forgeron, étirée sur l'enclume
habituelle, fournissant bientôt des barres propres
à tous les usages. Agricola raconte ensuite l'opération de la *trempe*, qui permet d'obtenir un *fer
dur, difficile à travailler, dont on peut faire les
pointes des outils*.

En second lieu, « le père de la métallurgie » nous
décrit le procédé de *grillage* du minerai : « Il faut
l'appliquer, dit-il, quand le minerai est difficile à
fondre. » La cuisson s'opère dans un fourneau semblable au précédent, mais plus volumineux. On y
place le charbon et le minerai par couches alternatives ; après un ou deux passages dans ce four, le
minerai peut être traité comme il est dit ci-dessus.

Enfin Agricola nous enseigne comment on obtient
l'acier : « On est obligé, dit-il, de le fabriquer avec
du fer, bien qu'on puisse l'extraire directement du
minerai, mais, dans ce cas, il est ou trop mou ou
trop cassant. » Il nous montre le forgeron décou-
pant en petits fragments et à chaud, le fer qu'il

Une forge du seizième siècle. — B *b*. Les soufflets. — C. L'enclume.
D. Le marteau à Cames, auprès l'ouvrier trempe de l'acier
(Fac-simile d'une gravure du *De re metallica* d'Agricola.)

veut refondre dans le creuset d'un four pour le transformer en acier; il expose l'emploi des fondants. Nous voyons l'ouvrier agitant avec son ringard la masse de fer liquide, afin de la rendre ho-

Le soufflet des Lusitaniens.
(Fac-similé d'une gravure du *De re metallica* d'Agricola.)

A. — Fourneau.	D. — Tuyau à vent.
B. — Le soufflet.	E, F. — Pièce en bois et sa soupape.
C. — Pièce en fer.	G, H. — Manivelles.

mogène et sans soufflures, et aussi de la réunir en une seule boule du poids de cent à cent vingt livres; celle-ci est apportée sous le martinet qui l'étire comme on le veut; puis on jette dans l'eau ce produit encore chaud, pour le briser ensuite en me-

6

nus fragments qui sont eux-mêmes classés en diverses catégories, suivant l'aspect de leur cassure.

Les fragments d'acier ainsi obtenus sont de nouveau ramenés dans le foyer, après avoir été réunis en un paquet; on martèle le tout et on l'étire en barres que l'on trempe enfin dans *l'eau la plus froide*; c'est alors qu'on a *l'acier* qui est plus blanc et plus dur que le fer.

La méthode du travail du fer que nous venons de donner indique une science métallurgique avancée; elle se pratiquait principalement en Allemagne, où elle s'est perpétuée presque jusqu'à nos jours. Nous y remarquons un grand progrès sur les procédés précédemment décrits, la substitution du travail des chutes d'eau à la main de l'homme, soit pour lancer le vent, soit pour le martelage. La vapeur seule a pu détrôner et surpasser l'emploi de l'eau comme moteur. Ce dernier doit remonter assez loin, et nous ne serions pas surpris que nos pères les Gaulois en eussent fait usage, car nous avons remarqué que les amas de scories qu'on trouve dans l'ouest de la France sont généralement situés près de cours d'eau, ou bien dans des bas-fonds, où un barrage, facile à établir, permettait de rassembler les eaux et d'avoir une certaine hauteur de chute, c'est-à-dire une force.

Pourtant, au moyen âge même, et concurremment sans doute avec les systèmes hydrauliques, il arrivait que l'on fondait encore en France, des minerais de fer par le simple tirage naturel.

Jusqu'ici il n'a pas été question de la fonte, cette troisième manière d'être du fer. Chacun sait que la fonte diffère de l'acier et du fer, en ce qu'elle est bien plus cassante, mais aussi en ce qu'elle a l'immense avantage de se fondre aisément et de se prêter aux opérations du moulage. Il est surprenant que la fonte, dont l'emploi est si utile, et même presque indispensable et qui complète si bien par ses qualités spéciales ce que nous pourrions appeler la « trinité du fer », que la fonte, dis-je, n'ait été connue des hommes que dans ces derniers siècles.

Le plus vieux monument qui témoigne de la connaissance de la fonte, est une plaque funéraire datant du quatorzième siècle, que l'on trouve en Angleterre, dans l'église de Burwash, comté de Sussex. Cependant on s'accorde à faire naître la fabrication de la fonte dans les Pays-Bas, d'où cette industrie aurait passé en Angleterre. En tout cas, il est avéré que dès l'an 1490, on fondait en Alsace des poêles en fonte ; mais c'était un travail local, puisque Agricola n'en fait pas mention, quoique ce soit en 1546, que parut son ouvrage. Il est vrai qu'en Saxe la fabrication de la fonte ne date que de 1550, et nous devons ajouter qu'Agricola avait au moins la notion de son existence lorsqu'il disait que : « le fer du minerai est facile à fondre et qu'on peut le *couler*. »

En France, la production de la fonte est plus ancienne, ainsi que nous l'apprend un poëme en langue latine, composé par Nicolas Bourbon en 1517 : c'est le plus vieux document écrit que nous possédions sur le travail de la fonte ; il est en outre remarquable par l'exactitude des descriptions : on y trouve une peinture frappante du travail du fer à cette époque, et nous ne saurions mieux faire que d'en donner ici une analyse complète.

L'auteur nous montre d'abord le dieu Vulcain, qui lui apparaît pour lui ordonner de faire connaître par ses vers les rudes travaux auxquels il se livre. Le dieu s'étonne avec raison que les muses le délaissent et ne répandent point parmi les hommes l'art — qu'ils ignorent tous — d'exploiter le robuste métal. N'est-ce pas grâce au fer que le laboureur fait pénétrer la semence dans le sein des terres les plus incultes et les plus arides ? Comment sans l'aide du fer, enlever aux arbres et aux vignes cet excès de bourgeons parasites, qui ne se développent qu'aux dépens des fruits ? N'est-ce pas avec l'aide du fer qu'on taille les rocs les plus durs, qui doivent servir à élever nos demeures ou à les parer?

Il est vrai que le fer est aussi le métal de Mars, et qu'il fut toujours le meilleur instrument des massacres.

Ainsi parla Vulcain : son visage était noir et terrible; ses gigantesques cyclopes, à la chevelure couverte de rouille, au corps baigné de la sueur des travaux, lui servaient d'épouvantable escorte... La vision s'évanouit cependant, mais, fidèle à la voix du dieu des forgerons, notre jeune poëte s'empressa de chanter le fer.

« Notre forge, dit-il, s'élève sur le territoire de Vaudeuvre et sur les rives de la rivière de Barse [1] et mon père Bourbon en dirige les travaux. Le premier travail de nos forges consiste à envoyer dans la forêt des hommes robustes, infatigables, habiles à manier la hache; bientôt, sous leurs coups, tombent et éclatent en mille pièces, le rouvre, le frêne sauvage ou domestique, l'yeuse, le pin et le hêtre. Le houx, le mélèse, le buis, se défendent par leur dureté contre les atteintes de la hache, ils restent seuls debout; il est vrai que le charbon qu'ils fourniraient ne peut servir; il brûle en pétillant comme le bois du laurier, jette une flamme brillante qui

---

[1] Vandeuvre-sur-Barse (Aube) contient du minerai de fer oolithique, qu'on traite encore de nos jours.

s'éteint aussitôt : le travail qui languit fait bouillon-
ner de colère le forgeron actif.

« Mais le bûcheron a fini son œuvre; arrive le tour
des charbonniers : c'est là une classe d'hommes pauvres, mal vêtus et sauvages ; jamais ils ne sortent de
la profondeur des bois; pourtant ils sont heureux
et contents de leur sort : chacun prend un lot des
arbres abattus et le mesure avec mon père, afin qu'il
lui rende bien le charbon correspondant et que, de
son côté, il ne les paye pas plus qu'ils ne valent.

« Alors le charbonnier s'installe sur une place
bien nette et bien sèche, car sur la terre humide le charbon se cuit mal et se réduit en cendres : là il élève une immense pile de bois, à la
base grande et large, au sommet plus étroit. Des
feuilles vertes de hêtre et de chêne, mélangées
de cendres noires, recouvrent d'un manteau im-
pénétrable à l'air tout cet amas de bois. Une ouverture étroite qui débouche dans le bas de la pile
permet seule à l'air d'arriver au centre du massif.
C'est par là que l'on introduit le feu, dont les efforts,
lents mais continus, doivent accomplir la carbonisation désirée. Aussitôt que le feu a commencé son
action, on a bouché hermétiquement l'unique ouverture au moyen de feuilles et de terre grasse :
on entend alors à l'intérieur gronder sourdement
la flamme que l'on vient d'enfermer ; la lutte com-

mence entre le bois et l'élément destructeur ; elle
s'annonce par d'épaisses colonnes de fumée, à l'o-
deur pénétrante, qui s'élèvent dans les airs où elles
tourbillonnent comme si elles étaient joyeuses de se
trouver en liberté.

« L'ouvrier passe sept jours et sept nuits à sur-
veiller soigneusement la cuisson ; il doit prévoir les

La carbonisation du bois en forêts.

pluies qui pourraient survenir, afin de combattre
leurs effets nuisibles ; il doit savoir se guider pour
cela sur les vents, l'aspect du ciel, les constellations
et les diverses phases de la lune. Mais vers la fin du
travail, le charbonnier peut prendre quelque repos au pied de sa *meule* ; c'est là qu'à l'aube sa
femme vient le trouver et le distraire de son pénible travail : elle lui apporte pour son repas de la

journée l'ail, l'oignon, le sel, l'huile, une gourde
pleine d'un petit vin, et du lard bien gras. Parfois,
la femme séjourne près de son mari ; ils ont alors
élevé une petite cabane où ils prennent gaiement
leurs repas.

« Quand la fumée et le feu cessent de s'échapper
de la pile ; on la découvre avec un râteau, et l'on
voit apparaître les bûches, autrefois blanches, à présent complétement noires et desséchées ; pourtant
leurs dimensions n'ont pas varié. Déjà, par crainte
de la pluie, le charretier est accouru et se hâte de
transporter le charbon à la forge.

« Parlons maintenant de l'ouvrier mineur, dont le
pénible travail consiste à creuser sans cesse la terre,
à pénétrer dans ses entrailles, à y découvrir les
veines qui y sont cachées, pour les amener ensuite
au jour où on les élève au moyen d'une corde que
tire un appareil en tournant sur lui-même.

« Vous ignorez sans doute comment on distingue
les lieux qui contiennent du fer ? Ici, les enfants
eux-mêmes vous le diront ; ils le reconnaissent à
la coloration rouge du sol : mais, sachéz que le
meilleur minerai est celui qui est le plus lourd et
dont la couleur jaunâtre scintille çà et là : fondez-le
et il ne trompera point votre espérance, la coulée
sera abondante. Mais, si le minerai est léger et de
teinte pâle, semblable à de l'argile, il embarrasse

le fourneau, malgré le secours des soufflets, et l'on n'en tire rien. Aussi, faut-il laver tous les minerais ; les parties trop volumineuses sont grillées d'abord, cassées ensuite en morceaux, enfin, lavées dans un courant d'eau.

« C'est alors que le minerai est conduit au fourneau, massif de forme carrée, dont l'extérieur est construit en pierres communes, mais dont l'intérieur est en roches très-dures qui résistent admirablement à l'action destructive d'une ardente flamme, qu'active sans cesse le souffle de deux instruments en peaux de bœuf, qui obéissent eux-mêmes à l'action incessante d'une roue à eau. Ces énormes poumons s'enflent et se désenflent tour à tour, pendant qu'au pied du fourneau le fondeur, quand le moment est venu, fait habilement couler la fonte, ou bien, armé de crochets en fer, décrasse le creuset, et, commandant aux soufflets, modère ou active leur action. Le fondeur veille toujours et dort à peine un instant, pendant les deux mois que dure la marche, c'est-à-dire jusqu'à ce que fourneaux et soufflets aient besoin de réparations.

« Alors que des ruisseaux de fer coulent du fourneau, l'oreille est frappée des sifflements aigus du métal en fusion ; des tourbillons de flamme et de fumée s'élèvent dans les airs.

« N'oublions pas de mentionner l'ouvrier qui aide

le fondeur ; son poste est au sommet du fourneau, auprès de sa large ouverture, dans laquelle il jette du charbon et du minerai aussitôt qu'un vide tend à se former.

« D'autres ouvriers font avec de la terre les moules dans lesquels on coule la fonte ; ou bien ils fabriquent des bombes, ces machines infernales, présents des dieux en courroux et que Vulcain accorda tout d'abord aux Germains ; enfin, ils coulent les canons qui servent à lancer les bombes, dont l'effet est comparable à celui du tonnerre et qui s'en vont au loin ébranler les murailles, détruire les villes et les forts.

« Ce n'est point encore le fer pur qui sort ainsi en fusion du fourneau ; cette fonte doit être reprise et purifiée au feu dans un four spécial où on lui fait prendre la forme d'une boule malléable et molle, que d'habiles forgerons allongent et unissent sous un immense marteau de fer mû par la force des eaux. Pendant que l'énorme marteau s'abat sur la masse de fer, toute la vallée, les montagnes et les forêts en retentissent jusque dans leurs parties les plus cachées ; on voit alors le fer s'étendre, s'amincir en longues tiges, aussi facilement que le ferait la cire molle.

« A la fin de chaque semaine, mon père prend exactement le poids du fer fabriqué ; aussitôt

accourent les charbonniers, les mineurs, les fon-
deurs et les forgerons ; ils viennent joyeusement
toucher le prix de leur travail ; le compte de chacun
est marqué sur un livre spécial pour éviter toute
erreur : car mon père ne veut ni être trompé,
ni tromper personne. Quant aux ouvriers, leur
bourse est à présent garnie, et ils se réunissent pour
oublier leurs fatigues dans la joie d'un bon repas ;
leurs esprits s'excitent sous l'influence du vin ; l'un
porte la santé d'un camarade qui ronge jusqu'à l'os
le mets qu'on lui a servi, tant son appétit est vif ;
l'autre s'est étendu à terre et dort du sommeil de
l'ivresse ; bientôt la confusion règne de toutes parts,
ce ne sont plus que cris et discours incessants.

« ..... Parfois même la querelle survient, les
coups volent de toute part ; on est aux prises ; on
renverse tout et le sang coule... C'est ainsi, qu'en un
seul jour on gaspille le fruit d'un labeur pénible et
incessant, et qu'on se condamne à une éternelle
pauvreté. Mais, ne nous en étonnons point : ces hommes n'imitent-ils pas en cela la conduite et les manières des grands ? Quand le pasteur sommeille, le
troupeau s'égare !... Mais qu'on se garde de croire,
que je veuille dire que l'avidité des seigneurs s'en-
dorme ! loin de là, rien, au contraire, n'est comparable à l'activité qu'ils mettent à augmenter leurs
revenus, à défendre les injustices sur lesquelles

s'appuie leur fortune, à faire tomber le malheureux peuple dans leurs filets et à le rendre victime
de leurs fourberies..... Mais, suis-je imprudent!
Pourquoi, malheureux Bourbon, te laisser aller à
une aussi téméraire franchise?..... »

La traduction libre, que nous venons de donner
du poëme de Bourbon est une peinture vivante de
l'art des forges; nous aurons peu de choses à ajouter pour compléter ce tableau.

Les fourneaux dans lesquels s'obtenait alors la
fonte, différaient peu des stuckofen qu'Agricola
nous a montrés; on pouvait même se servir du
même appareil pour obtenir soit la masse ou *stuck*,
soit le métal liquide; dans ce cas, le fourneau devenait le flussofen ou four à fondre. Le grand point
à obtenir dans les *flussofen* était la présence au-
dessus du bain de fonte d'une couche de laitier
protectrice contre l'action oxydante de l'air; il fallait encore diminuer la dose de minerai par rapport à la charge de charbon, afin d'obtenir sûrement la réduction du minerai en fer, puis sa combinaison avec le carbone et enfin la fusion de la
fonte qui en résultait. De plus le minerai et le charbon devaient être stratifiés par lits alternatifs.

Les premiers fourneaux de ce genre avaient environ 3 mètres de hauteur; leur production journa-
lière était très-réduite, comparée à ce qu'elle devait

être plus tard. La fonte obtenue, si elle n'était transformée de suite en objets moulés, était reprise et *affinée* pour fer ou acier.

L'affinage de la fonte est l'opération qui a pour but d'enlever à ce métal la plus grande partie de son carbone, c'est-à-dire d'arriver au fer ductile. Les procédés usités étaient nombreux, mais, en principe, ils consistaient tous à décarburer la fonte dans un petit foyer, où le métal se trouvait toujours en contact avec les charbons. Il y avait dès lors antagonisme entre les *actions oxydantes*, et les *actions réductrices* qui se trouvaient agir pour ainsi dire en contact et parallèlement les unes aux autres ; le résultat n'était donc obtenu que par une différence entre ces deux forces chimiques opposées. Cette différence, que l'habileté du forgeron favorisait autant que possible dans le sens désiré, ne pouvant néanmoins être bien marquée, l'opération était longue et consommait beaucoup de charbon. Mais on obtenait par cette méthode un fer extrêmement pur, car, pendant une opération aussi prolongée toutes les matières de la fonte autres que le carbone, qui nuisent à la qualité du fer, avaient le temps de s'en aller dans la scorie ou dans l'atmosphère sous des états différents. Aussi voyons-nous l'affinage dans les *bas foyers* se continuer jusqu'à nos jours, sous le nom de foyers allemands,

francs-comtois, etc. Des industriels sérieux pro-
fessent encore l'opinion que pour des usages spéciaux, *le fer au bois* est indispensable ; mais on
peut dire que cette fabrication est une industrie

Fourneau d'affinage.

perdue, et que nos forêts ne suffiraient plus d'ailleurs à l'entretenir s'il fallait lui demander une
part proportionnée à l'énorme production actuelle
du fer.

Les fourneaux d'affinage consistent principalement en un creuset de forme rectangulaire, revêtu
intérieurement de cinq plaques de fonte formant
le fond et les quatre côtés. La plus grande longueur
du foyer atteint $0^m,85$, et sa largeur $0,70$; la profondeur, au-dessous de la tuyère, est de $0^m,25$. Le
vent est soufflé et la disposition générale est celle
que nous figurons ici.

On peut obtenir environ 100 kilog. de fer à la
fois dans ces foyers.

DEUXIÈME PARTIE

I

ÉPOQUE ACTUELLE

PROPRIÉTÉS LES PLUS REMARQUABLES DES FERS.

Jusqu'ici nous avons parlé du fer sans avoir essayé de pénétrer dans sa nature intime et, en cela, nous avons procédé comme ceux dont nous venons de décrire les opérations, c'est-à-dire seulement par synthèse. Mais, avant d'aborder la métallurgie actuelle, cette science qui tend de plus en plus à faire à l'homme un monde nouveau, il est indispensable que nous disions quelques mots des recherches et des découvertes qui ont été pour le forgeron le fil d'Ariane du labyrinthe dans lequel se perdaient nos ancêtres.

7

Dans ce qui va suivre, nous considérerons du même coup les trois espèces de fer : le fer proprement dit, les aciers et les fontes.

Nous dirons tout d'abord que les différences si importantes qui existent entre ces trois manières d'être du fer, sont produites surtout par la seule différence de la dose de carbone qu'elles renferment : ainsi jusqu'à 5 de carbone pour mille, on a le fer, qui *se soude et ne se trempe pas*; de 5 à 15 pour mille, l'acier, qui *se trempe et ne se soude pas*; au dessus de 15 de carbone pour mille, la fonte.

La couleur naturelle du fer est le gris clair éclatant; nous le voyons rarement à cet état, car à l'air il se recouvre rapidement d'un manteau d'oxyde.

Si on casse une barre de fer, on aperçoit généralement une texture grenue; parfois les grains semblent effilés à leur extrémité, on dit alors qu'il y a des *arrachements*; c'est le signe d'un métal résistant. Parfois les grains, à la cassure, se sont tous allongés avant de rompre, au point que le corps du fer semblerait être une association de fils, dont les directions seraient toutes perpendiculaires au plan de la cassure : on dit alors que le fer est *à nerf*.

La couleur et l'aspect de la cassure ont été pendant longtemps les meilleurs indices pour distinguer les diverses qualités de fer, d'acier et de fonte.

Voici les densités que l'on trouve ordinairement, l'eau étant prise pour unité :

Acier 7,8 ; fer forgé, 7,7 ; fonte blanche, 7,5 ; fonte grise, 7,0.

Les variations de densité sont surtout grandes pour le fer, ce qui s'explique, puisque ce métal n'a pas été débarrassé par la fusion de toutes ses impuretés, et que souvent il renferme encore de petits globules de laitier. — Nous pensons que la densité du fer, dont on se préoccupe peu, serait un des éléments les plus importants pour en reconnaître la nature. — Des rails en fer de mauvaise qualité sont descendus à la densité bien faible de 6,5.

Le fer chimiquement pur présente une très-faible dureté, mais elle augmente à mesure qu'il y a présence de corps étrangers dont nous parlerons.

Le carbone, qui permet au fer de *se tremper*, peut surtout donner au fer une dureté telle qu'il devient capable de rayer et de couper le verre avec facilité. — Mais il faut pour cela que le carbone soit *combiné*; ce qui a lieu dans l'acier et les fontes *blanches*. Les fontes grises, où le carbone est en partie disséminé et isolé dans la masse, sont au contraire très-tendres.

La chaleur enlève au fer sa dureté, au point, qu'à chaud on peut en couper toutes les variétés aussi facilement que s'il s'agissait d'une pièce de bois.

Mais la plus précieuse propriété du fer, celle qui en fait véritablement le roi des métaux, c'est la facilité avec laquelle on peut le douer des qualités que l'on désire. Ainsi nous voyons la ténacité du fer varier à la volonté de l'homme dans des limites très-étendues : le fil de fer supportera sans se rompre depuis 50 kilog. jusqu'à l'énorme charge de 200 kil. par millimètre carré[1]. Nous verrons que cette résistance diminue singulièrement lorsqu'il s'agit de fers qui présentent une certaine section.

Un des meilleurs moyens de se rendre compte de la qualité d'un fer est de chercher à la fois quel est le poids qu'il supporte par millimètre carré de section, au moment de la rupture de la barre d'essai, et en même temps de combien s'est allongée l'unité de longueur de cette barre. On remarque, tout d'abord, dans ces essais que les allongements sont d'autant plus grands que les poids supportés sont moindres, et enfin, que le fer s'allonge d'autant plus qu'il a moins de carbone.

Nous donnerons les limites extrêmes entre lesquelles varient les deux conditions qui servent à déterminer la qualité d'un fer :

Limites, correspondant aux fers les moins carburés :

[1] C'est le cas des cordes de piano,

Résistance à la rupture 55 kilog. par millimètre carré, allongement, 53 pour 100 de la longueur.

Limites, correspondant aux fers les plus carburés ou aciers durs :

Résistance à la rupture 105 kilog. par millimètre carré, allongement 5 pour 100 de la longueur.

Il va sans dire qu'on arrive à tous les degrés intermédiaires, en faisant varier les doses de carbone, les modes de fabrications, etc. Nous donnerons même les résultats d'un tableau récent qui indique pour des fers fondus, leur résistance à la rupture, avec l'allongement correspondant, pour des teneurs en carbone données :

TENEUR EN CARBONE POUR CENT.	CHARGE DE RUPTURE PAR MILLIMÈTRE CARRÉ DE SECTION.	ALLONGEMENT A LA RUPTURE.
0.05 à 0.15	40 à 50 kil.	25 à 30
0.15 à 0.40	50 à 60 »	20 à 25
0.40 à 0 60	60 à 70 »	10 à 20
0.60 à 0.90	70 à 90 »	5 à 10
0.90 à 1.10	90 à 105 »	5

Mais il ne faut pas oublier de dire que la forme des barres, le système des machines d'essai, le temps que dure l'opération, la température de l'air, etc., sont autant de causes qui peuvent notablement faire varier les résultats.

Si nous passons aux fontes, nous trouvons des résultats différents de ceux qui ont été énoncés ci-dessus, ce qui s'explique par l'influence de chacun des nombreux corps étrangers que renferment ces matières. Les fontes, en effet, contiennent parfois moins de carbone que certains aciers, mais la seule présence d'autres substances les fait différer totalement de ces aciers, par leur aspect et leurs propriétés; aussi peut-on dire que le fer est le *plus impressionnable* de tous les métaux, c'est un véritable Protée qui change de nature et d'aspect pour des causes si difficilement appréciables, qu'elles échappèrent longtemps et échappent encore souvent aux plus minutieuses recherches de la science. La ténacité de la fonte est faible ; elle ne supporte que 9 à 12 kilog. par millimètre carré, pour un allongement de un millième. Aussi, dans les constructions ne fait-on pas travailler la fonte par allongement, mais bien par compression. Dans ce cas, le métal peut supporter sans s'écraser un poids qui varie entre 65 et 150 kilog. par millimètre carré. Le fer, au contraire, est toujours employé pour travailler à l'extension, car à la compression il ne supporterait que 50 kilog. par milimètre carré, pendant que d'autre part, nous avons vu qu'il ne se rompt point brusquement sous une charge.

C'est ici le moment de dire un mot de l'*élasticité*. Un corps est dit élastique lorsque, après s'être déformé sous l'influence de forces extérieures, il peut reprendre sa forme primitive aussitôt que cesse l'action de ces forces : or, le fer est de plus en plus élastique, à mesure qu'il renferme plus de carbone. L'acier le plus dur est le plus élastique, mais, à la condition que le métal soit dépouillé d'autres substances, car celles-ci, au contraire, diminuent gégénéralement l'élasticité, au point même de l'annuler presque complétement, comme nous le voyons pour la fonte.

Le fer possède la singulière et mystérieuse propriété d'acquérir ce qu'on nomme la vertu magnétique, et, de plus, d'être lui-même spontanément attiré par un aimant naturel ou artificiel.

Il y a plusieurs moyens de magnétiser le fer, outre celui qui consiste à le frictionner avec un aimant : il suffit de placer le fer dans une position à peu près verticale pendant un certain temps, ou bien de le marteler, de le ployer, de le passer sur une meule et même de le soumettre à des commotions électriques.

On remarque encore ici l'action des corps étrangers, quoiqu'elle n'ait pas été jusqu'à présent trèsbien étudiée. Le fer pur se magnétise plus facile-

ment que l'acier, mais conserve moins bien son
état. Même différence entre l'acier non trempé
et l'acier trempé. On est parvenu à distinguer
l'acier du fer d'après les seules propriétés magnétiques.

Enfin, le fer qui renferme du tungstène conserve
mieux le magnétisme. C. W. Siemens a utilisé cette
particularité, et il est arrivé à faire porter à un aimant de fer au tungstène vingt fois son poids de
fer, suspendu à une armature, au lieu de sept fois,
qui est la charge limite des aimants ordinaires.

Les fontes sont moins magnétiques que les fers.

La propriété magnétique est assez éphémère;
elle disparaît à la chaleur blanche; les limailles
d'un barreau aimanté ne sont plus magnétiques;
de fortes secousses, l'alliage de substances étrangères, d'autres actions encore peuvent faire disparaître la vertu magnétique.

Rappelons-nous le parti merveilleux que l'on tire
de la propriété magnétique du fer : c'est grâce à elle
que les télégraphes sont devenus possibles.

Ne pourrait-on pas encore supposer sans trop de
témérité que les nombreux rails qui recouvrent
l'Europe d'un filet à mailles immenses, doivent diminuer le nombre des orages, en divisant et dis-
persant l'électricité qui tendrait à s'accumuler sur
un même point.

Le fer est de tous les métaux celui qui, à poids égal, exige la plus grande quantité de chaleur pour que sa température s'élève d'un même nombre de degrés; en d'autres termes, sa *capacité calorifique* est la plus grande.

D'autre part, le fer est le métal qui permet le moins vite à la chaleur de le pénétrer; mais, réciproquement, c'est un de ceux qui se refroidissent le plus lentement. Cette contre-partie du défaut est une qualité immense, car le travail du forgeron serait encore plus ingrat qu'il n'est, pour ne pas dire impossible, si le métal se refroidissait trop vite dans les mains de l'ouvrier, et s'il devait à chaque instant le chauffer de nouveau.

On peut encore déduire de cette propriété, que s'il existe, ce qui est probable, des corps célestes où le fer métallique domine, ils sont beaucoup moins sujets que ne l'est notre planète aux brusques variations de température, le sol emmaganisant la chaleur quand elle est en excès, pour la rendre pendant les périodes plus froides.

A mesure que le fer s'échauffe, il se dilate, change de couleur et s'amollit : sa dilatation, que nous examinerons d'abord, est une des plus faibles que l'on ait observées pour les métaux; elle est assez régulière de 0° à 100°, et l'on a expérimenté qu'une barre de fer de 1000 kilomètres de

longueur à la température de 0°, s'allongerait de
115 mètres en passant à la température de 100°.

Les fers soumis à une basse température deviennent cassants : on a observé que les bouches
à feu, les canons de fusil, les bandages des roues
de chemin de fer, etc., éclatent plus souvent l'hiver
que l'été.

La couleur du fer change avec sa température :
c'est d'abord le rouge sombre, puis le rouge cerise,
enfin le rouge vif, le blanc et le blanc éblouissant.
Les fers prennent d'autant plus vite ces colora-
tions qu'ils sont plus carburés. Au blanc éblouissant, la matière est pâteuse, et voisine de son
point de fusion. C'est alors qu'il est facile de
souder le fer à lui-même; propriété bien utile
et qui n'appartient à aucun autre métal, si ce n'est
au platine. Remarquons encore que si le carbone
enlève peu à peu au fer la faculté de se souder, il
lui donne aussi de plus en plus celle de se liqué-
fier facilement, ce qui permet alors le soudage naturel, c'est-à-dire à l'état liquide.

C'est ici le lieu de rappeler une analogie pleine
d'intérêt que l'on a déjà fait ressortir plusieurs fois,
entre le fer pris vers le voisinage de son point de
fusion et la glace ou la neige; en effet, que l'on
prenne deux morceaux de glace à une température
un peu inférieure à 0°, qu'on les presse, même

1

légèrement l'un contre l'autre, la soudure s'opère
aussitôt. Que l'on prenne deux morceaux de fer au
blanc soudant, c'est-à-dire près du point de fusion,
qu'on les rapproche par une pression, ils se soudent. Ce n'est donc point à un phénomène isolé
qu'il faut rattacher cette heureuse propriété de la
soudabilité du fer, mais bien à une loi générale
qu'on a exprimé ainsi :

« Quand un corps a, comme l'eau, la propriété
de diminuer de volume en se liquéfiant, si on le
comprime quand il se trouve dans le voisinage de
son point de fusion, il s'opère un rapprochement
des molécules qui correspond à un volume moindre,
et par suite à un état liquide ; la liquéfaction a donc
lieu aux points de contact et quand la pression
cesse, le regel se reproduit, mais la soudure a eu
lieu. »

Quant à nous, nous serions portés à penser
« qu'à un certain volume des corps correspond
une certaine *teneur* en calories, que si on diminue par la pression le volume d'un corps, celui-ci
absorbe ou rend des calories suivant sa nature. »

La glace comprimée passe à l'état liquide qui
correspond à un volume moindre, mais il y a en
même temps absorption de chaleur, et c'est ce
qui explique dans ce cas-là, le regel immédiat. Quoi
qu'il en soit, il est admis, sinon démontré, que

le fer, comme la glace, diminue de volume quand
il passe de l'état solide à l'état liquide ; dans ce
cas, l'action du *regel*, c'est-à-dire de la *soudure*,
devrait être aussi très-énergique.

Un de nos savants sidérurgistes, M. Jordan,
pense même qu'on peut comparer les formes cris-
tallines, si délicates et si légères qui forment la
neige, à chacune des molécules de fer qui se précipite au fond du bain de fonte et de scorie de nos
puddleurs pendant leur travail. De même que l'en-
fant dans ses jeux, forme avec aisance une énorme
boule de neige, en faisant rouler sur lui-même un
léger noyau primitif, de même le forgeron, armé
de sa longue barre de fer, pousse les uns contre
les autres, au fond du bain liquide, les cristaux de
fer, les agglomère en une première boule qui va
grandissant à mesure qu'elle s'adjoint de nouvelles
molécules de fer : prenez la boule de neige de l'en-
fant, *forgez-la* dans une étampe, vous aurez un
superbe bloc de glace transparente : prenez la
boule poreuse, tendre et molle qui sort de l'ardent
foyer du forgeron, martelez-la, et vous aurez la
robuste barre de fer que chacun connaît. L'analogie est frappante. C'est ainsi que la nature nous
montre chaque jour plus clairement qu'elle ne suit
que des lois générales, en les appliquant aux corps
les plus différents. Plus nous nous élevons dans

l'échelle de la science, plus nous trouvons dans ses œuvres la majestueuse simplicité des méthodes.

On pourrait encore poursuivre les comparaisons entre le fer à 1500° et la glace à 0° ; tous les deux se laissent forger, mais sont cassants ; ils supportent la pression, mais non la tension, etc. Enfin, dans la glace comme dans le fer, on distingue un état cristallin et un état amorphe : la glace cristallisée est celle qui nous est directement fournie par la congélation lente et régulière des eaux, la glace amorphe est, pour ainsi dire, artificielle ; elle provient du *forgeage* et du soudage par la nature de la neige et des débris de glaçons ; eh bien, le fer, alors qu'il vient de se précipiter, de se créer, est aussi cristallisé ; forgé, il ne l'est plus, chacun de ses cristaux s'est allongé et a donné lieu à une fibre. La glace et le fer *natifs*, soumis au choc sans précaution, éclatent en morceaux ; la glace et le fer déjà forgés ou *ressués*, résistent beaucoup mieux. Qui sait même si, poursuivant l'analogie dans l'idéal, la glace, à des températures de plus en plus basses, ne verrait pas ses propriétés se rapprocher de plus en plus de celles du fer, alors qu'il s'éloigne lui-même des hautes températures où on le forge.

Avant de considérer les fers liquides, examinons

à quelles températures se produit cet état remarquable dont l'industrie n'a utilisé que récemment les propriétés si heureuses : en effet, nous avons vu que l'emploi de la *fonte* était un des derniers progrès de la sidérurgie. Quant à la fusion en grand du fer pur ou très-peu carburé, elle date de peu de temps, mais tout donne à penser que cette nouvelle conquête de l'art des forges conduira à des applications pratiques plus remarquables · encore que celles du moulage de la fonte.

Nous avons vu que le degré de fusibilité des fers diminue avec la teneur en carbone, et l'on estime que les points de fusion entre eux sont compris entre 1,050° pour les fers les plus carburés (les fontes), et 2,000° pour les fers à peu près exempts de carbone.

Ces chiffres sont loin de ceux que l'on enseignait il y a peu d'années encore : le célèbre métallurgiste Karsten, en 1830, parlait de 17 à 18,000 degrés, pour point de fusion des fontes : preuve nouvelle qu'en science aussi bien que dans la vie courante, l'ignorance des phénomènes conduit à leur exagération.

Grâce à deux savants français, il est acquis aujourd'hui que la combustion de l'hydrogène par la quantité exacte d'oxygène qui lui convient pour former de l'eau ne peut développer au maximum qu'une température de 2,500° centigrades sous la pression atmosphérique. Nous reviendrons sur ce fait qui est des plus importants ; retenons dès à présent qu'il faut abandonner comme un rêve des poëtes l'idée que des températures de plusieurs milliers de degrés peuvent se produire dans nos fourneaux.

MOULAGE DES FERS.

On sait que les métaux fusibles se prêtent bien au moulage et qu'il suffit de les verser à l'état liquide dans un moule pour qu'ils en épousent même les formes les plus délicates; les fers ne se comportent malheureusement pas ainsi, et c'est là une des rares défections de l'utile métal; en effet, en dehors de certaines fontes spéciales, qui donnent par le moulage, des pièces saines et compactes, les autres fers ne fournissent qu'une matière plus ou moins bien *venue* et *souffleuse*.

On remarque encore que la difficulté du moulage et la résistance des pièces moulées augmentent en général, avec la diminution du carbone; l'acier, très-carburé, peut être exempt de soufflures ou cavités, mais sa texture est cristalline et cassante, ses atomes ont besoin d'être enche-

vêtrés les uns dans les autres par le martelage ;
quant aux fers moins carburés, les fers doux, ils
ne donnent plus qu'une masse tellement souffleuse
que les forgerons ont pu les comparer à du
« fromage de Gruyère ». Il serait à désirer que l'on
pût trouver le remède à ces soufflures, car on pourrait alors espérer obtenir par le moulage direct des
objets de fer d'une résistance très-voisine de celle
du métal martelé. Malheureusement on connaît à
peine les causes des soufflures. Nous donnerons sur
cette question qui nous a préoccupé, les résultats
de nos propres réflexions et observations.

Les soufflures ont des causes multiples ; une des
plus considérables est la présence dans le métal,
au moment de la coulée, de gaz non encore défi-
nis, mais qui ne peuvent être que de l'azote, de l'oxygène ou des oxydes de carbone. La présence de
l'azote ne surprendra point, puisque *ce gaz a toujours été rencontré dans les aciers;* celle de l'oxygène semble moins explicable ; pourtant, si l'on
songe que les soufflures augmentent avec la diminution du carbone, on pourra bien penser que
l'absence du carbone laisse place à une certaine quantité d'oxygène à un état de combinaison
encore mal défini avec le reste du fer ; mais alors,
au moment de la coulée, le brassage qui s'opère
amène en présence les molécules de fer oxydé ainsi

que le peu de carbone qui reste; à ce moment la réaction peut se produire et l'on a des gaz oxyde de carbone qui, se formant à l'instant où le métal arrive dans le moule et va devenir pâteux, restent emprisonnés dans sa masse.

Pour combattre les soufflures produites par les gaz, il faudrait substituer au carbone qui, par sa réaction avec les oxydes de fer, donne des gaz, des substances qui donneraient des solides; c'est le cas du manganèse et du silicium. Le premier, comme nous le verrons, est employé précisément pour enlever les oxydes de fer dont la présence rendrait le métal cassant, et l'on a même remarqué que dans les fers doux, obtenus par fusion, la présence du manganèse dans le métal était indispensable (dans ce cas, on est, en effet, assuré que tout l'oxyde de fer a été réduit); mais comme, en pratique, le manganèse qu'on ajoute contient lui-même une certaine quantité de carbone, il en résulte que l'inconvénient des soufflures reparaît dans une certaine proportion.

Nous avons pensé à faire traverser ce bain liquide d'acier par des vapeurs de silicium à l'état de chlorure; ce corps donnerait en présence du fer un chlorure de fer volatil et un siliciure de fer qui resterait dans le bain, mais dont le silicium, agissant sur l'oxygène au moment de la coulée, fournirait un corps solide, de la silice, et non des gaz, comme le fait le carbone. De plus une faible proportion de silicium n'altérerait pas sensiblement la qualité du métal. — Se basant même sur les expériences de M. Daubrée, on peut avancer que le chlorure de silicium pourrait agir sur l'oxyde de fer du bain d'acier à la façon du manganèse, former avec lui et aux dépens de son oxygène des silicates de fer fusibles; on atteindrait ainsi le même but qu'avec le manganèse, en ce qui concerne l'enlèvement de l'oxygène, et on l'obtiendrait mieux en ce qui concerne les soufflures, puisqu'on aurait *des fers ou aciers au silicium* qui ne sauraient fournir de gaz au contact de l'air.

Les soufflures dues aux gaz sont faciles à reconnaître; on les voit dans le corps du métal sous la forme d'un vide sphéroïdal dont les parois sont d'un blanc vif ou d'un jaune d'or peu foncé; dans le premier cas le gaz était neutre, dans le second il a légèrement oxydé la surface du fer.

Les soufflures se présentent d'une seconde manière bien caractérisque, que nous appellerons : « soufflures à forme irrégulière et à parois oxydées »; elles se trouvent près des rebords du lingot et se ramifient généralement jusqu'à sa surface; pour comprendre leur formation, il faut suivre la marche de la solidification du liquide qu'on vient

de jeter dans la lingotière : à peine y est-il introduit
que le niveau du liquide s'abaisse rapidement par
le fait de la contraction des molécules qui perdent
leurs calories; le métal, dans le moule, prend alors
la forme de la figure *a*; mais bientôt l'effet inverse
a lieu, le métal s'élève comme l'indique la figure *b* :
c'est que la solidification des parois du lingot rapprochant de plus en plus leurs molécules, la masse

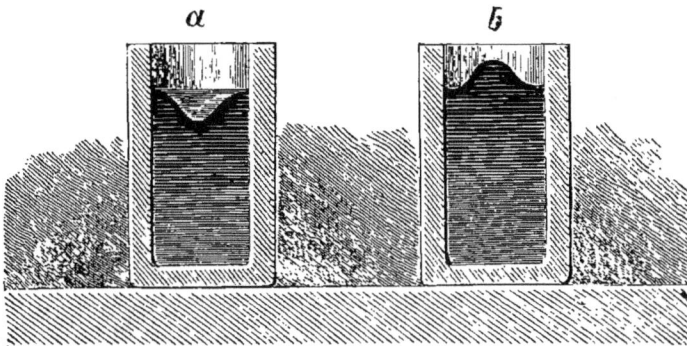

Section d'un lingot d'acier   Section du même lingot après
   encore liquide à l'inté-   solidification complète.
   rieur.

d'acier se resserre, et ne touche presque plus le
moule ; mais comme, à ce moment, le métal est
encore liquide au centre, il peut obéir à cette pression extérieure et s'élever comme on le voit. C'est
peut-être ce phénomène qui a fait penser que le fer
fondu, comme la glace, augmentait de volume en
se solidifiant.

Quoi qu'il en soit, dans ce mouvement de contraction les soufflures extérieures dont nous avons parlé s'établissent ; à mesure, en effet, que les couches extérieures du métal deviennent pâteuses, elles pressent davantage sur le métal du centre, de sorte que les gaz qui se trouvent emprisonnés non loin des parois extérieures, obéissant à cette pression, tendent à traverser et traversent les couches encore assez fluides qui les séparent de l'extérieur, et c'est leur cheminement — bientôt oxydé par l'arrivée de l'air extérieur — qui forme ces soufflures irrégulières oxydées de la seconde classe.

Mais, réciproquement, le retrait intérieur peut provoquer des appels d'air atmosphériques à travers les parties du lingot qui se trouveraient les plus ramollies ; les mêmes soufflures se forment alors, mais d'une manière inverse.

L'expérience suivante rend manifeste la grande contraction totale du lingot dans son moule.

Si on coule du fer fondu de façon que le métal déborde à la partie supérieure de la lingotière B et y forme un bourrelet, bientôt solide, qui empêche les contractions du métal dans le sens vertical, le lingot prendra une forme effilée vers le centre, refoulant vers le haut le métal encore fluide de l'intérieur ; parfois même il y aura rupture vers la moitié de la hauteur en A.

Une autre expérience à peu près concluante vient
à l'appui de notre dire, et il est facile de la répéter :
si l'on chauffe fortement *en un certain point* une
lingotière et qu'on y coule de l'acier, c'est précisément à l'endroit chauffé de la lingotière que la
surface du lingot présentera le plus grand nombre
de soufflures, ce qui est conforme à l'explication
que nous en donnons.

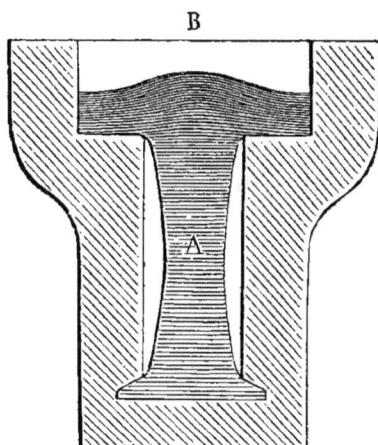

Lingotière pour expérience.

Reste maintenant une troisième espèce de soufflures qui se montrent surtout vers le centre du lingot ; elles sont de formes irrégulières ; leurs parois
sont inoxydées, grenues et comme formées d'un
groupement de cristaux. Il est à présumer que ces
effets se produisent à la suite de la contraction défi-

nitive qu'éprouve le métal au centre du lingot, lorsque toutes les parois, déjà solidifiées à l'extérieur, forment une enveloppe rigide.

Ce qui montre encore que ces différences de retrait nuisent surtout à la résistance du métal, c'est que la première pellicule extérieure qui enveloppe le lingot, et qui *n'a pas manqué de matière* au moment de sa solidification, offre une dureté considérable ; aussi, pour les objets n'ayant pas besoin d'être retouchés, tels que des hélices, des engrenages, etc., rien de mieux que cet acier dont la surface résiste indéfiniment à l'usure pendant que le centre est plus ou moins mou et caverneux ; dans ce cas même, on a l'avantage d'avoir des pièces dont la densité est de 15 pour 100 plus faible que celle de l'acier martelé.

L'acier moulé coûte de deux à cinq fois plus cher que la fonte moulée, mais sa résistance est plus élevée, et dans une proportion considérable, surtout quand il s'agit de pièces *en mouvement*.

Malgré les avantages qu'il présente, le fer moulé n'entre qu'avec lenteur dans la pratique ; ce sont les soufflures qui en sont la cause ; aussi les métallurgistes ont-ils activement cherché le moyen de remédier à ce mal. Nous avons vu que l'on pourrait réagir par une modification de la nature intime, — autrement dit chimique, — du fer ; une autre manière consisterait à comprimer le métal liquide pour en exprimer les gaz et rapprocher les molécules *dans la limite du retrait*. Nous reviendrons en temps et lieu sur cette seconde méthode.

DES COMBINAISONS ET ALLIAGES DES FERS.

Il est une étude qui a fait beaucoup avancer la science métallurgique et doit, par la suite, la faire progresser encore : c'est celle de l'influence produite sur le fer par les divers corps qui peuvent lui être associés.

L'oxygène ouvre naturellement cette étude. — Il se combine au fer, à toutes les températures; c'est en s'oxydant, en se *rouillant*, que le fer se transforme à la longue en une poussière jaunâtre et que les pièces les plus épaisses finissent par disparaître. Cette action est rapide dans l'eau et dans l'air humide, extrêmement lente dans l'air sec, nulle, parait-il, quand le fer est plongé dans du poussier de charbon. On s'appuie pour énoncer ce dernier fait sur le singulier exemple d'une chaîne de fer qui, après être restée dix ans au fond d'un puits de mine, était intacte sur une partie de sa longueur, pendant que l'autre partie était à moitié rongée par la rouille; cette dernière portion se trouvait exposée à l'air, tandis que l'autre était enfoncée dans un amas bien tassé de houille menue.

Ainsi l'oxygène, le gaz qui nous vivifie, détruit à la longue la plus robuste matière que nous connaissions et la transforme en une poussière incohérente. — Mais si la chaleur vient à l'aide du gaz destructeur, les effets sont bien plus rapides, et l'on voit la surface du fer chauffé se transformer en écailles d'oxyde qui se détachent sous les coups du marteau, mettant au jour une nouvelle surface de fer qui se brûle à son tour, et ainsi de suite, de sorte que quelques minutes peuvent suffire pour transformer en fragiles écailles ou *battitures* une grande épaisseur de fer qu'on a préalablement amené à la chaleur *lumineuse*. — Ces écailles qui s'échappent ainsi du fer ne contiennent pas moins de 25 pour 100 de leur poids de gaz oxygène.

L'oxygène peut même pénétrer à la longue dans la masse du fer chauffé; il y oxyde la surface des molécules constituantes du fer, qui devient cassant; on dit alors très-justement que le *fer est brûlé*, et l'on ne peut détruire ce fâcheux état qu'en soumettant le métal à une action inverse, c'est-à-dire en le chauffant soit dans un courant de gaz avide d'oxygène, tel que l'oxyde de carbone, soit au sein d'une masse de charbon. Mais c'est sur les fers fondus que l'action de l'oxygène s'exerce avec le plus d'énergie; on est obligé de les recouvrir d'une couche de laitiers pour les protéger contre cette action, qui ne tarderait pas à transformer tout le bain en fer brûlé. Nous reviendrons sur ce remarquable phénomène que le métallurgiste a su même utiliser à son profit.

Le fer chaud et en poussière s'enflamme et dégage une chaleur et une lumière très-vives : c'est le principe du *briquet*; c'est pourquoi le pied ferré du cheval qui s'élance étincelle sur les cailloux du chemin; c'est aussi la cause de ces gerbes de feu qui, malgré l'eau qui l'inonde, jaillissent du contact de la meule et du tranchant d'un fer qu'on aiguise.

On a cherché depuis longtemps les moyens de protéger les fers contre la *rouille :* les corps gras qui ne contiennent pas d'eau et ne s'épaississent pas à la longue sont les meilleurs préservatifs; telles sont les huiles d'olive purifiées, de noix, de faîne, etc. On peut encore employer le vernis qui provient du caoutchouc dissous dans la térébenthine. — Ce vernis doit être appliqué très-vite; l'excès est enlevé avec une brosse imprégnée elle-même de térébenthine.

Parfois encore on bleuit la surface du fer pour

le préserver; le bleuissement est un état d'oxydation du fer qui se produit vers 300° de chaleur et
persiste après le refroidissement ; la pièce semble
se trouver alors recouverte d'une pellicule d'oxyde
qui la préserve contre l'action de l'air humide.

On emploie encore le *bronzage*, qui est un remède homœopathique, car il consiste à oxyder
toute la surface de la pièce en la plongeant d'abord
dans un bain d'acide chlorhydrique et la laissant
ensuite exposée à l'air pendant plusieurs jours;
quand la surface du fer est bien couverte de rouille,
on la trempe dans l'huile d'olive, puis on la frotte
avec un linge jusqu'à ce qu'on mette en évidence
la belle couleur *bronzée* qui recouvre le fer au-dessous de la rouille.

L'*eau* ne semble agir sur le fer, à la température
ordinaire, que par l'oxygène qu'elle tient habituellement en dissolution; mais, à chaud, la décomposition du liquide en ses deux éléments se produit; l'hydrogène s'échappe, et l'oxygène s'allie.

Le compagnon le plus habituel des fers est le
carbone; aussi est-ce le corps dont les effets sur les
fers ont été le mieux étudiés. — Nous avons vu que
la dose de carbone constituait généralement la
seule différence qui existât entre les nombreuses
espèces de fer qu'on connaît; pourtant certaines
fontes ne contiennent guère plus de carbone que

les aciers très-durs; aussi est-ce moins la présence
de cette matière qui les différencie que l'état qu'af-
fecte le carbone et surtout l'intervention d'autres
substances, dont les effets se signalent précisément
par cette différence si marquée de texture et de
propriétés qu'ils apportent avec eux dans les fers;
nous verrons même qu'il suffit d'une très-faible
dose de substances étrangères pour enlever aux
combinaisons du fer et du carbone, à l'acier, leurs
propriétés habituelles; cette influence des *infini-
ment petits* est considérable dans le monde sidérurgique, et nous nous contentons pour le moment
de la constater.

Il semble qu'il en soit des corps matériels de
même que des êtres organisés ; les uns sont bons,
utiles, *commodes*, les autres méchants, inutiles,
gênants ; le carbone peut-être rangé dans la première classe, tandis que le soufre, le phosphore,
l'arsenic trouvent leur place dans la seconde. Ces
derniers corps brûlent comme le carbone, mais
les produits de leur combustion sont vénéneux,
destructifs, insupportables. S'ils s'allient à un métal, fer, cuivre, plomb... ils troublent ses vertus ou
même les anéantissent.

Examinons d'abord sur les fers les effets du *soufre*. Ce métalloïde s'associe très-volontiers au fer,
aussi les trouvons-nous *toujours* réunis dans la

nature en proportions plus ou moins grandes.

. Mais, on rejette les minerais dont la teneur en soufre est trop élevée, car, à moins d'un grillage préalable long et coûteux, le soufre passe dans les fers et y exerce son action nuisible. Le fer sulfureux à froid est assez tenace, mais il est mou ; à chaud, il est si cassant qu'il devient impossible de le forger. On estime que 2 kilogrammes de soufre pour mille dans un fer, suffisent pour le rendre très-cassant.

Depuis quelques années, on est heureusement arrivé à combattre, et même à éliminer à peu près complétement le soufre des fontes ; sans parler de l'opération du grillage des minerais, qui chasse la majeure partie du soufre à l'état de sulfates, on a remarqué qu'une haute dose de chaux dans le lit de fusion des minerais de fer provoquaient la formation d'une certaine quantité de *calcium*, qui s'emparait du soufre, lequel s'écoulait alors dans les laitiers à l'état de sulfure de calcium. Le manganèse agit encore de la même façon et entraîne le soufre dans les laitiers à l'état de sulfure. Ces observations ont seules permis de fabriquer avec les cokes, qui sont généralement sulfureux, des fers et aciers de bonne qualité.

Le soufre augmente la fusibilité des fers ; on utilise cet effet dans le moulage des fontes, d'au-

tant mieux que leur dureté s'accroît aussi avec la
présence d'une petite quantité de soufre. Les Suédois ajoutent même du soufre dans la fonte des canons. Mais un excès de soufre rendrait les fontes
souffleuses, et transformerait instanstanément en
fonte blanche une fonte grise. Enfin, une des propriétés les plus bizarres du soufre est qu'un bâton
de cette matière, appliqué sur une lame de fer
rougi de 20 à 50 millimètres d'épaisseur, la traverse en quelques secondes, comme le ferait un emporte-pièce. On pourrait même employer cette propriété pour percer le fer, si, en même temps le soufre ne pénétrait pas dans le métal au point d'en
affaiblir la qualité.

Le *phosphore* est devenu depuis quelques années, c'est-à-dire depuis les nouvelles méthodes
de fabrication de l'acier, la terreur des sidérurgistes. Aussi entrerons-nous dans quelques détails
sur ce terrible adversaire des forgerons qui jusqu'ici s'est joué des efforts réunis de la science
et de la pratique, ainsi qu'ont d'ailleurs l'habitude de le faire ceux de nos ennemis qui ra-
chètent par le nombre la faiblesse de leur volume ;
on pourrait dire que le phosphore est le *phylloxera*
du fer.

Il faut distinguer deux actions du phosphore qui
sont :

1° Le cas où il s'agit du fer doux, c'est-à-dire sans carbone.

2° Le cas où il s'agit des fers carburés, qui s'obtiennent fondus.

Les anciens métallurgistes connaissaient bien l'action nuisible du phosphore, néanmoins, ils avaient établi — et c'est à Karsten qu'en revient l'honneur — que jusqu'à la proportion de 5 millièmes le phosphore ne diminuait pas sensiblement la ténacité du fer doux ; à 5 millièmes le métal résiste encore assez bien au choc, mais à 7 millièmes des percussions légères peuvent le rompre, quoiqu'il puisse encore se courber à angle droit ; enfin, au-dessus de 1 pour 100 le fer ne peut recevoir que peu d'emploi, sa cassure offre des facettes particulières très-brillantes ; comme sa dureté est très-grande, il peut néanmoins donner d'excellents rails.

A ces défauts du phosphore opposons ses qualités : le phosphore augmente considérablement la soudabilité du fer ; il faut moins de chaleur à un fer phosphoré pour atteindre le rouge blanc et, dans ce dernier état il est plus tendre, plus mou, et par suite, très-facile à travailler ; enfin, quand il est froid, le fer phosphoré est plus dur, et par suite, résiste davantage à l'usure.

On voit que le phosphore, pour être vraiment

nuisible dans les fers doux, y doit être à une dose bien plus élevée que le soufre ; s'il en était autrement d'ailleurs, les bons fers seraient à peu près inconnus, car, ainsi que nous le verrons, il n'est presque pas de minerais qui ne contiennent du phosphore.

Mais c'est quand le phosphore s'y trouve en même temps que le carbone, comme cela a lieu dans les fers obtenus par fusion, que son action devient surtout mauvaise. Nous reviendrons, sur ces remarquables influences réciproques du carbone et du phosphore.

Les fontes phosphoreuses présentent pourtant quelques avantages; elles sont plus fusibles, restent liquides plus longtemps dans les moules, dont elles épousent mieux les formes ; mais elles sont plus cassantes.

Dans les aciers où le phosphore et le carbone seraient en présence, on n'a plus qu'un produit désorganisé qui se travaille difficilement, perd ses vertus, et l'on peut dire que, dans aucune des méthodes connues ou usitées et malgré de nombreuses recherches, on n'a pu arriver à une fabrication d'acier utilisable avec des éléments phosphoreux.

La quantité du phosphore qui suffit pour s'opposer à la formation des aciers est minime, et comme alors le phosphore est très-difficile à reconnaître et à doser par l'analyse chimique, ces faibles teneurs échappèrent longtemps aux investigations des sidérurgistes. Dans ces derniers temps seulement, des recherches nombreuses, minutieuses, ont pu fixer la science sur le rôle fâcheux du phosphore dans les aciers ; jusque-là, on se contentait d'une expression vague, au lieu d'un fait. Pour indiquer si une fonte ou un minerai pouvaient ou non fournir des aciers, on disait qu'ils avaient ou n'avaient pas de *propension aciéreuse*. On dotait ainsi d'une sorte de vertu ou de vice fatal la matière inerte qui, heureusement pour nous, n'a pas de caprices et ne se conduit que suivant des lois. C'est à nous à découvrir ces lois.

L'absence constante du phosphore dans les minerais à *propension aciéreuse* et sa présence habituelle dans les autres attira enfin l'attention, et certains métallurgistes, très-autorisés d'ailleurs, ont pu affirmer qu'une fonte qui tient un millième de phosphore, ne peut déjà plus donner d'acier de qualité.

Auprès du soufre et du phosphore, hâtons-nous de faire paraître l'*arsenic*. Cette matière ne se trouve heureusement que dans quelques minerais de filons, mais elle n'est pas moins nuisible ; si elle augmente aussi la dureté et la fusibilité, elle diminue la ténacité. L'arsenic semble encore retarder l'affinage des fontes, ce qui augmente et le déchet et la consom-

mation du combustible : le grillage des minerais enlève bien une partie de l'arsenic, mais on est
obligé pour les produits fins de rejeter les minerais qui contiennent cette substance.

La silice, que la nature nous fournit avec une si
grande abondance, réduite à l'état de silicium,
joue encore dans les fers un rôle important, depuis
surtout que l'emploi de l'air chaud, augmentant la
température dans le haut fourneau, a favorisé la
réduction de la silice. Les fontes au coke tiennent
parfois au delà de 5 pour 100 de silicium, leur
qualité ne semble pas en être fortement altérée; elles
sont, au contraire, plus fluides et plus propres aux
moulages. On peut arrêter le passage du silicium
dans les fontes, en augmentant dans les laitiers
du haut fourneau la proportion des bases, et en
évitant l'emploi des minerais qui renferment la
silice à l'état de *quartz*, et non pas déjà combinée à
des bases.

On admet que 4 millièmes de silicium dans un
fer doux le rendent très-cassant ; dans ce cas, cette
substance serait plus nuisible que le phosphore lui-
même ; heureusement, l'affinage enlève aux fers à
peu près tout leur silicium; pourtant si la proportion est très-élevée, il en reste assez pour altérer le
métal, et l'on a remarqué, — toutes choses égales
d'ailleurs, — que, depuis l'application de l'air

chaud dans le haut fourneau et malgré l'exagération de la proportion des bases dans les laitiers, les
produits obtenus étaient moins malléables qu'auparavant, par suite de la plus forte proportion de
silicium qui passait dans les fontes.

Dans les opérations pour acier, comme nous le
dirons, le silicium disparaît, mais la faible dose
qui reste durcit le métal sans nuire à sa malléabilité, ce qui indique qu'il serait possible de faire de
l'acier au silicium, lequel, avons-nous dit, aurait
moins de soufflures que l'autre.

Le silicium s'oxyde si aisément qu'on a parfois
rencontré, en grande quantité, dans les fontes, de
beaux cristaux de silice, fibreux, rayonnants, de
couleur blanche et soyeuse ; jamais on n'y a trouvé
le silicium pur, tandis que le titane s'isole des
fontes sans s'oxyder, comme le fait le carbone.

L'aluminium qui accompagne tous les lits de fusion est cependant rare dans les fontes ; cela tient
à ce que l'alumine dans les conditions du travail se
réduit difficilement. Fait heureux, car ce métal,
même en faible dose, rend les fers cassants. L'introduction de l'air chaud dans le haut fourneau a
dû encore favoriser le passage de l'aluminium dans
les fontes, au détriment de leur qualité.

Il nous reste à parler, dans ce chapitre, des combiuaisons les plus usuelles des fers avec les métaux.

Le *manganèse* tend à fournir des fontes d'un aspect spécial, d'un blanc éclatant, à larges facettes, qui portent dans l'industrie le nom expressif de « spiegeleisen » ou « fonte miroir. » Ces fontes sont de véritables alliages de fer et de manganèse, elles contiennent jusqu'à 12 pour 100 de ce métal. C'est là une création récente, mais d'un emploi actuellement indispensable dans les nouvelles méthodes de fabrication de l'acier dont nous parlerons.

Le manganèse élève le point de fusibilité des fers, il les durcit et ne nuit point à leur malléabilité, s'il est en faible dose.

Le *chrome* semble agir sur les fers à peu près comme le manganèse.

Quant au *tungstène*, il les rend très-durs, mais cassants et ceux qui préconisèrent l'emploi du wolfram réduit dans la fabrication des fers, ne songeaient point que les améliorations que cette matière peut apporter, étaient peut-être dues au manganèse même du wolfram, lequel n'est comme on sait qu'un tungstate de fer et de manganèse; c'était aller chercher loin et acheter cher ce qu'on pouvait avoir si simplement.

L'*étain* donne à la fonte une texture analogue à celle de l'acier; elle la rend tellement sonore qu'on pourrait en faire des cloches ; cette fonte reçoit le poli, elle est très-dure, peu cassante et se rouille plus difficilement. Malgré tous ces avantages l'étain n'est guère employé que pour *étamer* les fers, c'est-à-dire pour recouvrir leur surface d'une pellicule qui la préserve de la rouille.

Le *titane*, qui accompagne souvent les minerais, les rend réfractaires s'il est à haute dose; d'ailleurs, quand l'oxyde de titane se réduit, le métal s'allie rarement au fer; il reste dans les laitiers où on le trouve parfois cristallisé en cubes de couleur rouge, mais les hautes températures dont on dispose aujourd'hui devraient permettre l'alliage du titane et du fer, et aussi d'y découvrir peut-être de nouvelles et utiles propriétés.

LES MINERAIS DE FER.

Le fer est répandu à profusion dans l'univers; il n'est pas de roches, célestes ou terrestres, qui n'en contiennent; le sang même des êtres organisés lui emprunte sa couleur. La matière première des fers est donc des plus abondantes, mais aussi revêt-elle bien des formes et c'est au sidérurgiste à rechercher parmi toutes ces métamorphoses des fers celles qui peuvent lui fournir le plus économiquement les qualités dont il a besoin. Cette étude n'a pas été la moins longue; elle nécessitait toutes les ressources d'une chimie savante, qui, pour être assez avancée aujourd'hui, est peut-être encore loin de répondre à toutes les exigences de la pratique.

Nous avons parlé du fer natif : il n'est qu'un accident, nous n'y reviendrons pas. Nous ne signalerons aussi que pour mémoire les fers qui se trouvent dans la nature combinés à la silice, au soufre, à l'arsenic, au titane, au chrome, au tungstène, etc. : ce sont là des substances que la pratique ne peut employer actuellement. Nos observations porteront simplement sur la trinité utile du fer ; les *peroxydes*, les *oxydulés*, les *carbonates :* là, le métal est simplement combiné à l'oxygène et à l'acide carbonique, lequel, comme on sait, n'est jamais difficile à dégager. — Ce sont donc principalement des oxydes, ou des fers déjà *brûlés*, que le métallurgiste entreprend de révivifier, et nous voyons encore ici un des nombreux faits qui permettent de dire que la mort n'existe point absolument parlant, puisque, dans tous les règnes de la nature, c'est toujours parmi ce que l'on croit détruit que la vie va chercher sa source.

Le peroxyde de fer pur, contient 70 pour 100 de fer et 30 d'oxygène; il se divise en deux variétés bien tranchées : celle qui est *anhydre* ou sans eau de combinaison et celle qui est *hydratée*. — La première espèce, connue sous le nom de fer *oligiste*, fer *spéculaire*, fer *micacé*, *hématite* ou *oxyde rouge*, se distingue toujours par une raclure d'un rouge vif ; elle est moins rare que ne l'indique un de ses noms (oligiste, ὀλίγος, rare). On rencontre, en France, la variété rouge dans l'Ardèche, en couches dont l'épaisseur exploitable est de 15 mètres sur une surface de 2 à 5 kilomètres carrés ; les Pyrénées ont quelques filons de la variété spéculaire ; les Anglais ont le *red ore* qui leur fournit plus d'un million de tonnes par an.

Les oligistes du duché de Nassau, des bords de la Meuse en Belgique, sont encore abondamment employés.

Mais les plus célèbres gisements de ce minerai, sont ceux de l'île d'Elbe, qu'exploitaient déjà les Étrusques, longtemps avant notre ère ; l'Europe leur fait encore d'importants emprunts, surtout à la mine connue sous le nom de *Rio*, qui est la seule d'ailleurs où les travaux aient acquis l'importance qui correspond aux besoins de l'industrie actuelle.

Ces minerais sont riches, car ils rendent généralement 55 à 62 pour 100 de fer à la fusion ; on leur reproche, néanmoins, d'être un peu sulfu-

reux, et, chose étrange, de ne donner que difficilement de l'acier. Il est, en effet, surprenant
que les minerais de l'île d'Elbe, dont la composition générale est analogue à celle de certains
minerais excellents pour l'acier, ne puissent fournir des fontes qui, employées seules, donnent aisément de l'acier. Mais c'est encore là un mystère
qu'éclairciront des investigations scientifiques plus
complètes.

Si nous passons à la seconde classe des peroxydes, aux minerais hydratés, nous trouverons une
matière plus pauvre, mais incomparablement plus
répandue ; la nature agit avec les minéraux comme
avec les êtres vivants, les humbles seuls vont par
légions. Ce minerai se distingue du précédent par
sa poussière qui est jaune. Jusqu'à ces derniers
temps la France se contentait de ses nombreux
peroxydes hydratés, et sous le nom de mine douce,
minerai en grains, limoneux, hématite brune,
pizolithique, oolithique, ocres, etc.; elle en consommait par année près de 4 millions de tonnes,
ce qui correspond à 1 million et demi de tonnes
de fonte.

La Belgique en extrait plus de 2 millions de
tonnes. L'ancien royaume de Prusse en produit
la même quantité, Le Luxembourg 1 million seulement, ajoutons que nous avons rencontré l'hé-

matite et la limonite en masses incalculables,
à la Nouvelle-Calédonie ; dans le sud surtout, ce
minerai de fer est la partie constituante d'une
grande partie de l'île.

Les peroxydes de fer hydratés, — sauf les *mines
douces* qui proviennent de la décomposition des carbonates de fer, — ne peuvent point concourir à la
fabrication des aciers, ce qui a considérablement
diminué leur importance depuis quelques années,
pour augmenter, dans une mesure extraordinaire,
celle du fer oxydulé, que nous appellerons le roi
des minerais ; il est, en effet, le plus riche, car,
à son maximum de pureté, il rend 71, 78 pour 100
de fer, le complément est de l'oxygène ; enfin, il
jouit seul de cette mystérieuse propriété magnétique d'attirer le fer : c'est *l'aimant naturel*. Son
aspect est analogue à celui de certains oligistes,
mais sa poussière, qui est noire, l'en distingue
aussitôt.

C'est en Suède que l'exploitation courante des
minerais oxydulés est la plus ancienne : aussi les
fers de Suède fournissaient-ils autrefois au monde
entier la matière première de l'acier. La Scandinavie extrait aujourd'hui, environ 1 million de
tonnes de ce fer. L'Algérie en présente des gîtes
considérables ; le plus célèbre est celui de Mokta-el-
Hadid ou la tranchée du fer. Grâce à la puissante

intervention de M. Paulin Talabot, qui avait su prévoir l'avenir réservé aux fers oxydulés, ces inépuisables amas ont été reliés à Bone par un chemin de fer de 34 kilomètres; là, des marins de toutes nations (et dans ces derniers temps d'Amérique même), viennent charger la précieuse matière; l'extraction annuelle de ce minerai s'élève à 500,000 tonnes, et l'on à peine a suffire aux demandes, tant la qualité est favorable à la production des aciers.

La mise en exploitation de ces gîtes fut coûteuse; elle exigea de la part de son heureux initiateur une confiance en l'avenir bien remarquable dans un temps où l'on admettait, à peu près sans réserve, que les seuls minerais oxydulés propres à fournir l'acier étaient ceux de la Scandinavie. Les gîtes de Mokta-ci-Hadid furent exploités à une époque très-reculée; le directeur actuel, M. Parran, y a trouvé des monnaies des empereurs Gordien et Sévère.

Le minerai de Mokta est d'une régularité, d'une richesse et d'une composition exceptionnelle : il rend 65 pour 100 de fer, dont 2 de manganèse; il n'a ni soufre, ni phosphore; sa gangue est siliceuse.

L'île de Sardaigne a reçu depuis quelques années la visite de nombreux métallurgistes à cause de ses gisements d'oxydulés, qui appartiennent à l'époque silurienne ; malheureusement le fer y est souvent accompagné.de substances étrangères, telles que le quartz, le grenat, l'amphibole : de plus, le climat oblige à suspendre les travaux pendant quatre mois de l'année.

Malgré ces désavantages, une puissante compagnie française a entrepris d'exploiter des amas importants d'oxydulés qui existent au sein de schistes quartzeux dans le district de Cagliari.

Le minerai est situé à l'ouest de la chaîne de montagnes de Capoterra, à une altitude de 240 mètres au-dessus du niveau inférieur d'une vallée profonde et à 14 kilomètres de la baie de Cagliari, mais de ce côté les navires ne peuvent approcher qu'à un kilomètre de la côte. Malgré ces désavantages, la société d'exploitation a eu l'admirable constance d'exécuter des plans inclinés pour descendre le minerai au bas de la vallée, un chemin de fer de 14 kilomètres, une jetée d'embarquement de 200 mètres de longueur, enfin un service de chalands avec remorqueurs pour conduire à bord le minerai. Aujourd'hui, paraît-il, les parties de minerai qui se présentaient à ciel ouvert sont enlevées, et l'on suit en profondeur des filons assez beaux, mais d'une exploitation plus coûteuse. — Le minerai est d'une richesse qui varie entre 40 et 60 p. 100 de fer; on lui reproche de n'être pas constant, ce qui est un grand défaut pour le calcul des lits de fusion dans le haut fourneau.

Nous donnons une vue de ce gîte que nous devons à l'obligeance d'un de nos amis, M. Jacob, ingénieur en Sardaigne, et nous fournissons ces détails comme un exemple de l'initiative et de l'énergique persévérance des industriels français.

A l'île d'Elbe, au cap Calamita, on exploite un filon d'oxydulé. — En Toscane, on reprend actuellement les anciennes exploitations de Stazemma et autres.

L'Oural est riche en oxydulé, qu'on traite dans les usines de M. P. Demidoff.

Dans le Nouveau-Monde, ce minerai se rencontre encore dans les États de New-York, du Michigan, du Canada, de Missouri, de New-Jersey, en Californie, au Mexique, à Cuba, au Brésil, etc.

Mais le monde de Christophe Colomb ne pouvait manquer de nous ménager une surprise; il nous fournit, en effet, dans le comté de Sussex, État de New-Jersey, un minerai de fer particulier, la *Franklinite*; la couche d'où on l'extrait a une épaisseur qui varie entre 6 et 16 mètres et se trouve liée à une autre couche de minerai de zinc de 2 mètres. Ce minerai, analogue à l'oxydulé, et ma-

gnétique presque autant que lui, donne à l'analyse :

Fer.	45.16
Manganèse.	9.58
Zinc.	20.50
Oxygène.	25.16
	100.00

Grâce à des recherches nombreuses et coû-
teuses, on a trouvé le moyen de tirer de cette
substance, non-seulement le zinc qu'elle renferme,
mais encore une fonte à acier de la variété la plus
recherchée (spiegeleisen), ainsi que le montre l'analyse que voici :

Carbone.	6.90
Silicium.	0.10
Soufre.	0.14
Manganèse.	11.50
Fer.	81.36
	100.00

La vaste étendue des schistes siluriens qui forme
en grande partie le sol de la Bretagne, de l'Anjou
et de la Normandie renferme des couches d'un minerai magnétique tout à fait spécial ; il se différencie, en effet, des autres espèces, en ce qu'une
partie du protoxyde de fer est souvent combinée à la silice ; de plus, son aspect est terne et
pierreux ; quant à sa richesse en fer, elle peut

Mine de fer en Sardaigne (district de Cagliari).

varier depuis 35 jusqu'à 63 pour 100 suivant les couches.

Le docteur P. Dalimier a classé ce minerai à la base des schistes à *Calymène Tristani*, dans les grès quartzeux du silurien moyen ; il en a fait très-justement un horizon géologique, car la régularité de ces couches de minerai est aussi grande que celle des zones de schistes — qu'on peut dire sans fin — qui les renferment ; la richesse seule du minerai est sujette à varier sur les distances énormes où ils s'étendent ; on les voit, en effet, passer du grès ferrugineux à un oligiste plus riche, enfin à l'oxydulé, lequel parfois n'est autre chose qu'un agrégat de cristaux presque microscopiques de fer oxydulé ; dans ce cas, le minerai est tendre et fort riche. Les anciens, bien avant les époques historiques, exploitèrent d'immenses quantités de ce minerai : ils s'arrêtèrent faute de bois sans doute ; nos houillères étant loin de là, ces minerais non-seulement restèrent sans emploi, mais furent oubliés, au point que les gens même du pays ignoraient leur existence et que leurs filons étaient assez mal étudiés pour ne point figurer sur les cartes des géologues ou des mineurs. Un ancien ingénieur, juge de paix à Saumur, M. Danton, étudia ces gîtes ; je m'adjoignis à lui dans ces recherches, et, parmi les nombreuses couches de ces parages, nous pûmes

en distinguer un certain nombre qui, par leur richesse plus grande et leur régularité, nous permirent d'en entreprendre l'exploitation. Je donne
ci-joint la vue d'une de nos galeries d'exploitation
prise en direction dans un filon que les anciens
exploitèrent profondément; cette esquisse est due
au crayon de l'ingénieur, directeur des travaux,
M. Davy.

Nous arrivons à la troisième classe de minerais,
les carbonates de fer. Ils se divisent en deux espèces bien distinctes : les fers spathiques et les carbonates lithoïdes. Les premiers sont formés en grande
partie de carbonate de fer cristallin ou même cristallisé, pendant que les seconds n'ont qu'un aspect pierreux, comme l'indique leur nom.

Le carbonate de fer cristallin est naturellement
assez pur ; aussi donne-t-il très-facilement de l'a-
cier, ce qui lui a valu en Allemagne le nom de
stahlerz ou minerai d'acier. La France ne possède
ce précieux minerai que dans les Alpes, les Pyrénées et les Corbières. Les filons d'Allevard, qui
appartiennent aux usines du Creusot, remplissent
des cassures qui traversent les gneiss micacés, le
terrain carbonifère et même le trias; leur puissance varie depuis quelques centimètres jusqu'à
plusieurs mètres; on a cru remarquer que l'épa-
nouissement des filons correspond à des points de

Exploitation du fer à Segré (Anjou).

croisement; en tout cas, on s'accorde à dire que ces gisements sont à l'état d'hématite à la surface, de carbonate en dessous, et qu'ils deviennent plus bas siliceux et pyriteux.

Ces gîtes, peu étudiés ailleurs qu'à Allevard et Vizille, semblent pourtant se ramifier au travers des Alpes dauphinoises jusqu'aux fers spathiques de Savoie, à Aiguebelle et à Modane; on va même jusqu'à penser que ces minerais se continuent, suivant la chaîne montagneuse qui va de l'ouest à l'est, jusqu'en Autriche, où l'on rencontre, en effet, des gîtes analogues.

Les Pyrénées abondent encore en fers spathiques; on y signale principalement la mine de Fillols, au pied du Canigou; l'heureux propriétaire de la concession vient de la vendre deux millions; le gîte permet d'extraire par de simples travaux superficiels plusieurs millions de tonnes.

La chaîne des Corbières présente aussi de nombreux amas de fer spathique, mais leur exploitation ne saurait être importante de longtemps, à cause du manque absolu de voies de communication et de la stérilité de ces montagnes, qui empêche à l'homme de s'y établir ou tout au moins d'y former des centres de quelque importance. Ces amas, sont assez nombreux, mais peu considérables et très-disséminés; il faudrait donc, pour les exploiter, créer de nombreux centres d'exploitation qui auraient à se déplacer au fur et à mesure de l'épuisement des gîtes.

C'est aux fers spathiques du pays de Siegen que les Allemands, parmi lesquels il suffit de nommer M. Krupp, doivent la qualité de leurs aciers; ce minerai se raréfie pourtant, car les forges de Westphalie et du nord de l'Allemagne font de larges emprunts aux gîtes étrangers. L'Autriche leur envoie ses fers spathiques enrichis par le grillage, et qui s'exploitent surtout en Styrie et Carinthie. — C'est dans ces contrées que l'on a d'ailleurs récemment découvert le gisement de fer spathique le plus important peut-être qui soit connu; on le désigne sous le nom expressif d'Erzberg ou montagne de minerai; l'épaisseur de la couche est de 200 mètres, on la suit en direction sur une longueur de 800 mètres, enfin elle est recoupée à ses extrémités par deux vallées profondes de plusieurs centaines de mètres; cette circonstance met à jour le gisement et facilite au plus haut point son exploitation. Le minerai est exempt de pyrites et de phosphore, il contient de 2 à 3 pour 100 de manganèse et rend après le grillage de 50 à 55 de fer. C'est donc un minerai exceptionnel; aussi l'exploitation, qui se développe avec la plus grande rapidité, fournit déjà par année 500,000 tonnes, ce qui est peu encore

comparé à la masse totale reconnue, qu'on estime
à 200 millions de tonnes. Une seule tranche de cet
amas, limitée par deux plans horizontaux, situés
à 40 mètres l'un de l'autre, vient de se vendre
7 millions de francs.

Les combustibles autres que le bois, la tourbe et
les lignites font défaut dans le voisinage de ce gîte ;
néanmoins les industriels, peu soucieux de l'avenir, fondent ce minerai au charbon de bois et l'on
estime qu'ils consomment déjà chaque année le
double de ce que leurs forêts peuvent produire.

Nous signalerons encore les fers spathiques de la
Bidassoa, en Espagne ; de Bergame, Brescia et
Côme, en Italie, et enfin, ceux d'Algérie, qui pro-
mettent de ne le point céder en abondance et qualité
à leurs congénères les oxydulés. Des compagnies
françaises, celle de Châtillon et Commentry entre
autres, sous les auspices de M. le professeur Lan,
ont déjà jeté dans ces parages les bases de grandes
exploitations de fers spathiques.

La seconde espèce de fer carbonaté, le *lithoïde*,
est plus impure que la précédente, aussi, ne sau-
rait-elle donner de l'acier ; mais ses gisements offrent cette heureuse particularité, de se rencontrer
généralement associés aux couches de houille, de
façon, que, dans certains cas, on peut extraire par
le même puits et le minerai et le charbon qui doit

le fondre; c'est au moins ce qui a lieu en Angleterre.

La France a bien dans ses houillères du carbonate lithoïde, mais, il y est rarement assez pur ou
assez abondant pour qu'on puisse l'utiliser: le bassin
carbonifère d'Aubin, est celui qui en renferme le
plus ; on l'exploite encore à Palmesalade (Gard).

Enfin, nous l'avions rencontré en amas ou len-
tilles au milieu des schistes siluriens de Glénac et
Renac (Morbihan), où on peut le suivre sur une
longueur de plusieurs kilomètres.

C'est en Angleterre que les gisements et l'exploitation du fer des houillères atteignent un développement sans pareil; il s'y présente d'ailleurs,
non-seulement sous la forme argileuse habituelle,
mais encore, à l'état de mélange avec du charbon,
de sorte que le grillage des minerais se fait bien et
presque sans frais : ce minerai appelé *black-band*,
est d'une fusion facile et rend 45 à 60 p. 100 de fer
après grillage.

Nous indiquerons par un chiffre l'importance du
fer lithoïde en Angleterre. Sur une extraction annuelle de 12 millions de tonnes de divers minerais, le fer carbonaté lithoïde entre pour 5 millions environ. Remarquons, pourtant, que les
couches de ce fer étant peu puissantes et l'exploitation poussée à outrance, les Anglais voient son prix

de revient s'élever chaque jour et qu'ils se rejettent, soit sur les minerais étrangers, soit sur ceux du Cleveland, qui sont pauvres, impurs, mais extrêmement abondants. C'est là encore un fer carbonaté, mais silicaté en même temps (variété chamoisite) ; sa structure est oolithique ; il tient 40 pour 100 de fer après grillage, mais il est très-phosphoreux et sulfureux ; il ne coûte que 10 francs la tonne à l'usine, moins de la moitié du *black-band*.

Le carbonate lithoïde accompagne encore les bancs houillers de Westphalie ; en Russie on le rencontre dans le terrain permien, où sa blancheur le rapproche de celui que j'ai signalé dans le silurien de Bretagne. Enfin, le *black-band* a été découvert en association avec les anthracites de Pensylvanie.

Il est un minerai qui dérive des fers carbonatés, et que nous avons rangé dans les peroxydes de fers hydratés, sous le nom de *mine douce*. Ce fer est un carbonate qui, par une longue exposition à l'air, a subi un *grillage* naturel, autrement dit son acide carbonique est parti, l'oxyde de fer seul est resté en se suroxydant et en absorbant une certaine quantité d'eau. Ce minerai, dont le traitement facile lui a valu son nom de « mine douce, » forme non-seulement le *chapeau* des filons, mais encore des amas entiers.

On le recherche d'autant plus qu'il est inutile de le griller et qu'il a toutes les qualités du minerai primitif : ce fer abonde dans la chaîne des Pyrénés, mais c'est aux environs de *Bilbao* (Biscaye), à Sommorostro, ou *sommet rouge*, qu'on le trouve à profusion : dans ces parages l'industrie anglaise a surtout établi ses approvisionnements et l'extraction qui était insignifiante il y a vingt ans, atteignait 50,000 tonnes en 1860, 112,000 en 1865 et près de 800,000 au commencement de la guerre civile espagnole. Des sommets de Sommorostro, les carlistes ont lancé sur la ville de Bilbao des obus dont l'enveloppe ferreuse pouvait avoir été tirée du lieu même où elle servait comme engin de destruction.

II

LE HAUT FOURNEAU

Les besoins sans cesse croissants de la civilisation finirent par développer l'industrie au point que les forêts, qui seules jusqu'alors, fournissaient le combustible, menaçaient de manquer. Déjà au dix-septième siècle, Louvois pouvait dire avec beaucoup de sens : « La France périra faute de bois. » Avant cette époque même, en Angleterre, au seizième siècle, le gouvernement d'Élisabeth rendait des édits engageant à l'économie du bois dans le travail des fers. Un peu plus tard, en 1627, Charles Ier encouragea les premiers essais du travail à la houille, qui ne devaient réussir que bien plus tard, mais qui ont permis les énormes productions actuelles.

Rappelons que la France consomme actuellement chaque année vingt-cinq millions de tonnes de houille, et que c'est précisément la quantité de charbon de bois que sa surface entière, plantée en forêts, exploitée en coupe réglée, pourrait fournir. L'exemple est plus frappant encore pour les îles Britanniques, qui, plantées d'arbres ne pourraient fournir que 15 millions de tonnes de charbon de bois par année, pendant que l'extraction de la houille y est huit fois plus grande : de 120 millions de tonnes environ.

C'est en Angleterre que l'on vit le modeste flussofen du continent grandir peu à peu jusqu'aux gigantesques proportions du haut fourneau moderne ; mais ce ne fut qu'au dix-huitième siècle, que l'on parvint à employer couramment le coke pour la fabrication des fontes ; la houille, sous cette nouvelle forme, créait un combustible dense, tenace et capable, plus que tout autre, de ne point se briser dans le haut fourneau, tout en y développant une grande chaleur. Il y a moins d'un siècle que la France adopta ce précieux combustible.

Le vent était lancé dans les hauts fourneaux par des machines soufflantes, qu'actionnaient des roues hydrauliques monumentales ; mais, par ce moyen, on se trouvait soumis aux caprices des saisons et l'allure des hauts fourneaux ne devint vraiment régulière qu'après l'invention de Watt qui, là encore, fit une véritable révolution.

On sait qu'un haut fourneau est une sorte de tour dont les parois intérieures ont des profils établis par l'expérience et le raisonnement, de telle façon que les charges de minerai et de combustible, intro-duites par le haut, soient toujours soumises dans les diverses phases qu'elles traversent en descen-dant, aux conditions les plus favorables pour subir les réactions qu'on demande.

Le haut fourneau classique se compose d'un pre-mier tronc de cône G ou cuve, dont la partie supé-rieure prend le nom de gueulard, et la partie infé-rieure le nom de ventre. Les appareils spéciaux et divers qui servent au chargement, sont placés sur le gueulard.

Le deuxième tronc de cône, renversé, prend le nom d'*étalages*, il repose sur l'*ouvrage* O, qui sur-monte le creuset H.

Trois enveloppes concentriques forment princi-palement l'appareil ; l'enveloppe extérieure peut être construite de différentes manières ; elle peut être en robuste maçonnerie, comme dans notre exemple ; la fonte, la tôle, etc., peuvent encore servir à la composer. Les deux autres enve-loppes, les *chemises* intérieures du haut fourneau, sont en briques réfractaires, qui s'usent seules et que l'on répare ou remplace après chaque campagne. Ces enveloppes sont séparées par des entre-deux mobiles composés, sur dix centimètres

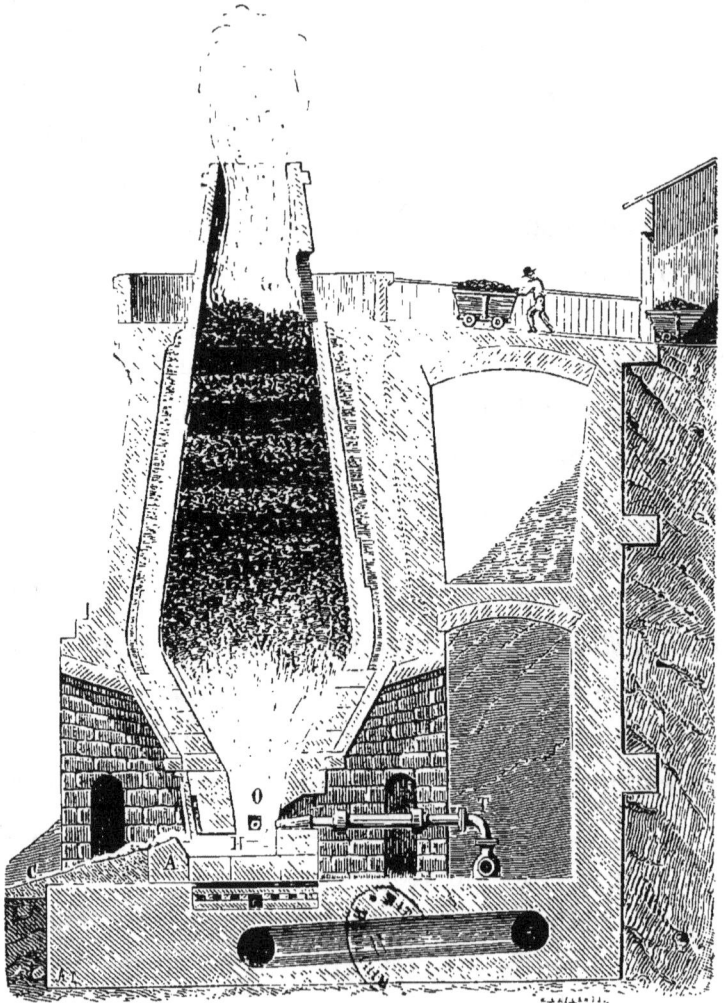

Section d'un haut fourneau.

d'épaisseur, de matières qui conduisent mal la chaleur et la conservent par suite dans la *cuve*.

Enfin, les étalages sont en briques ou en terre réfractaire damée ; l'ouvrage et le creuset sont en grès quartzeux ou briques, parfois en roches de magnésie silicatée.

Toutes ces parties qui reposent sur un solide massif extérieur en maçonnerie peuvent-être changées séparément, si c'est nécessaire.

Le vent arrive par une, deux ou trois tuyères T en 0, avec une pression qui varie entre 5 et 24 centimètres de mercure. La partie antérieure du creuset en A, est ouverte et laisse écouler les laitiers sur le plan incliné C, pendant que la fonte, plus pesante se rend au fond du creuset à mesure qu'elle se forme.

L'air est chauffé le plus possible avant qu'il n'arrive dans le fourneau, ce qui est une source considérable d'économie de combustible.

MARCHE D'UN HAUT FOURNEAU.

Nous essayerons de donner une idée du fonctionnement de ce gigantesque outil qu'on appelle haut fourneau. Suivant l'expression si exacte de M. L. Gruner, notre illustre et vénéré maître en métallurgie, on est là en présence de deux courants qui marchent en sens inverse et réagissent l'un sur l'autre :

un courant *gazeux* ascendant, dont la température va en diminuant; un courant *solide* descendant, dont la température va sans cesse en croissant. Le courant gazeux parcourt plus d'un demi-mètre par seconde, l'autre fait à peine ce chemin en une heure; il se meut donc 3,600 fois moins vite.

Enfin, le courant gazeux va en augmentant de volume aux dépens du solide qui se meut en sens inverse; à leur entrée dans le haut fourneau, les masses des deux courants sont à peu près égales; à leur sortie, la masse du courant gazeux est souvent plus que le double de l'autre.

A son début, le courant gazeux est simplement l'air atmosphérique lancé par les machines soufflantes, et le courant descendant, un mélange de charbon, de minerai et de *fondant*, le *lit de fusion*, en un mot.

L'air, à son entrée dans le fourneau au sein de la masse alors incandescente du courant descendant, se change en oxyde de carbone aux dépens du charbon; la température même, à ce point, est tellement élevée, qu'il y a *dissociation* partielle, et qu'au lieu d'oxyde de carbone on n'a qu'un mélange d'air non brûlé et de carbone très-divisé, qui s'élèvent ainsi jusqu'à ce que l'abaissement relatif de la température leur permette de se combiner. Ce fait, qu'ont cru observer MM. H. Sainte-Claire Deville et

Cailletet, tendrait à prouver que, en augmentant la pression du vent lancé, on peut augmenter la température de la combustion, ce qui, dans certains cas, serait utile.

L'oxyde de carbone, ainsi formé, s'élève rapidement avec le mélange correspondant d'azote, et ne tarde pas à se suroxyder aux dépens de l'oxygène des oxydes de fer, de silicium, etc. Mais cet acide carbonique se voit ailleurs ramené à l'état d'oxyde de carbone par le contact des charbons échauffés, lesquels, d'autre part, viennent au secours de l'oxyde de carbone, en réduisant comme lui les oxydes.

En résumé, on voit que, dans le haut fourneau, le minerai de fer se dépouille de son oxygène sous les actions combinées de l'oxyde de carbone et des charbons.

Mais que devient le fer laissé libre? Grâce à son affinité pour le carbone, il s'allie à quelques centièmes de cette matière qui l'environne et acquiert aussitôt la propriété heureuse de devenir assez fusible pour descendre et rester liquide au fond du creuset, où on le recueillera. Si le métal restait à l'état *ferreux*, où il est peu fusible, le haut fourneau serait à peu près impossible, car on n'obtiendrait qu'une substance pâteuse qui se prendrait en masse et ne tarderait pas à encombrer et à *boucher* le fourneau.

Quant aux substances étrangères, les *gangues* du minerai, les cendres du combustible, l'habileté du fondeur consiste, avec l'aide de l'analyse chimique, à les associer, par un choix judicieux de minerais divers, à leur ajouter des *fondants*, c'est-à-dire les substances terreuses qui leur manque, de façon que tous ces éléments réunis puissent s'attirer, se confondre, se fusionner aisément sous l'influence de la chaleur. Ces particules, étrangères au fer, sont d'ailleurs peu variées; c'est toujours de la silice, comme acide, de l'alumine, de la chaux, de la magnésie, comme bases, et dès l'instant qu'on a su par l'expérience que les laitiers les plus fusibles correspondaient, *pour une certaine allure*, à une composition donnée, on a cherché à répéter toujours cette composition.

Les parties terreuses ainsi fondues, moins lourdes que la fonte, se superposent à elle au fond du creuset et la protégent contre l'action oxydante des remous du courant gazeux, jusqu'à ce que la *coulée* vienne enlever au fourneau sa provision de fonte.

Quant au courant gazeux, il s'élève en subissant les métamorphoses que nous avons dites, et l'idéal serait qu'à sa sortie du fourneau il ne fût plus composé que d'acide carbonique, qui est la *dernière cendre* du charbon, et que, de plus, sa température fût celle de l'air ambiant : on aurait, de la

sorte, brûlé le charbon autant qu'il est possible
de le faire, et toute la chaleur développée par la
combustion serait restée dans le fourneau. En pratique, on est assez loin d'obtenir ce résultat; les
gaz, à leur sortie, contiennent beaucoup d'oxyde
de carbone, et M. Grüner admet qu'une très-bonne
allure est celle où le rapport entre l'acide carbonique et l'oxyde de carbone des gaz est égal à
0,673. Ce savant a même démontré que le rapport
qui existe dans les gaz d'un haut fourneau entre
l'acide carbonique et l'oxyde de carbone, est précisément la mesure du fonctionnement de l'appareil,
et qu'il peut varier dans des limites fort étendues;
enfin, connaissant ce rapport et l'analyse des fontes
et laitiers, M. Grüner a posé des formules qui permettent d'obtenir plus approximativement que par
aucune autre méthode connue, la masse d'air in-
troduite par les tuyères. Nous ne pouvons ici que signaler ces études récentes, mais si pleines d'intérêt,
de notre grand métallurgiste.

Il est encore important, comme nous l'avons dit,
de considérer dans l'allure des hauts fourneaux,
la température du courant gazeux, à sa sortie.
Lorsque la pression du vent n'est pas trop élevée,
que les minerais sont poreux et facilement réduc-
tibles pour fer, que les *lits de fusion* sont bien combinés, les gaz laissent facilement leur chaleur. Au

début de notre carrière d'ingénieur, nous avions à conduire neuf hauts fourneaux, et nous sommes arrivés à ce résultat désiré, que les gaz sortaient à une température à peine plus élevée que celle de l'atmosphère ; mais nous marchions au charbon de bois, et tout change s'il s'agit du coke ; il est difficile alors que les gaz sortent au-dessous d'une température de 550°.

Pour remédier à cette perte de chaleur par les gaz du coke, on a été conduit à agrandir le volume des hauts fourneaux : de la sorte le gaz séjourne plus longtemps dans l'appareil, il rencontre une plus grande masse de matière solide descendante, il a le temps d'opérer toutes les réactions nécessaires.

C'est ainsi que les anciens hauts fourneaux, qui avaient à peine 100 mètres cubes de volume, atteignent aujourd'hui 1,200 mètres cubes, et des hauteurs de 27 et même 29 mètres ; c'est ainsi qu'on a pu abaisser à 191° la température de sortie des gaz, et augmenter leur teneur relative en acide carbonique.

Voici un profil intérieur de haut fourneau, où nous avons marqué les zones où se passent les principales réactions chimiques, ainsi que les températures correspondantes.

Le haut fourneau est un appareil difficile à bien conduire, tant les éléments les plus divers influent sur sa marche. La chimie fut le fil d'Ariane de ce labyrinthe. Il y a peu d'années encore qu'en France le chef fondeur était un personnage important ; souvent il mangeait à la table du maître de forges, qu généralement n'installait des usines que pour tirer parti de ses vastes forêts. Une des grandes *vertus* du maître fondeur était de posséder les dimensions exactes à donner à l'intérieur du haut fourneau, dimensions qui se léguaient de génération en génération. Quand on mettait le fourneau *hors* pour le réparer, nul autre que le chef fondeur, aidé seulement de ses fils ou initiés, ne travaillait à le remettre à neuf. C'est

Les diverses zones du haut fourneau.

ainsi que les méthodes, bonnes ou mauvaises, se transmettaient intactes d'âge en âge.

D'ailleurs, à ces époques encore peu éloignées, un bon maître fondeur ne l'était que pour une contrée, et même encore, dans cette contrée, pour une certaine catégorie de minerais ; aussi n'y a-t-il pas d'industrie où l'intervention de la science ait fait opérer de plus rapides progrès que dans l'art du fondeur.

L'ingénieur est arrivé à faire produire à un seul haut fourneau jusqu'à 60,000 kilogrammes de fonte, et même plus, par vingt-quatre heures, là où les fourneaux anciens ne produisaient que de 2 à 5,000 kilogrammes ; en même temps la consommation du combustible, qui était souvent de deux tonnes pour une tonne de fonte produite, est tombée à 1,000 kilogrammes, 800 et même 550 kilogrammes. Enfin la *campagne* d'un haut fourneau, jadis limitée à quelques mois, est presque indéfinie maintenant ; ces gigantesques appareils n'ont pas plus de relâche que les hommes qui les surveillent et les dirigent ; toujours on entend autour d'eux le grondement sourd que fait la masse de vent qui s'engouffre dans leur vaste poitrine et dont le bruit est tel qu'il couvre la parole humaine ; toujours autour d'eux cette atmosphère chaude et raréfiée que produisent les fuites du vent chauffé à

outrance et aussi les millions de calories que *sue*
ce colosse aux entrailles de feu; toujours un ruisseau de laves — les laitiers — s'en échappe; un véritable ruisseau, en effet, 60 et même 80,000 kilogrammes en vingt-quatre heures; enfin, deux fois
par jour, c'est la coulée; 15,000 kilogrammes de
fer fondu vont jaillir du creuset en quelques instants! Le moment est toujours un peu solennel; le
maître fondeur a réuni tous ses aides, l'ingénieur
est présent. Le fondeur a saisi un énorme *ringard*,
un fer acéré de deux mètres de longueur : il en a
placé la pointe sur le bloc d'argile qui bouche le
trou de coulée situé à la base du creuset et qui seul
empêche à la fonte de sortir; deux de ses aides,
armés de marteaux qu'un colosse seul peut manier,
s'empressent de frapper à coups redoublés sur la
tête du ringard; mais l'argile, durcie par la cuisson, est devenue aussi tenace que la pierre; la
pointe du ringard a peine à l'entamer, bientôt
même elle s'échauffe, s'émousse, et l'on rejette ce
premier outil devenu inutile; un second est aussitôt
saisi par le maître fondeur, et ce travail pénible se
poursuit jusqu'à ce que le trou de coulée se trouve
dégagé. — C'est là une opération qui exige de l'a-
dresse, de la vigueur et de l'activité; car, si le trou
de coulée est mal percé, si l'ouverture pratiquée
par le ringard est trop étroite, la fonte s'écoule

trop lentement, elle peut même se figer dans le faible canal qu'on lui a ménagé; c'est dans ce cas que
les hommes doivent montrer le plus d'activité, car
il faut, à tout prix, déblayer de nouveau le trou de
coulée; mais c'est de la fonte qui obstrue maintenant et non plus de l'argile durcie... Enfin, l'obstacle
cède et la fonte s'élance hors de son étroite prison,
le ruisseau de feu qu'elle trace passe au travers de
ce groupe d'hommes que le devoir enchaîne, on
dirait qu'ils ne sentent point l'intense chaleur qui
se dégage du métal en fusion, aux surfaces toujours renouvelées et ardentes, les étincelles du fer
qui s'en échappent et brûlent dans l'air, retombent
sur eux, mais, insensibles comme la matière inerte
elle-même, ils poursuivent leur œuvre, ils élargis-
sent encore le trou de coulée en y agitant l'extrémité du ringard, ils dirigent le torrent du fer; le
recouvrent de pelletées de *fraisil*, font une barrière
de sable aux laitiers qui surnagent à la fonte et s'é-
chappent à sa suite...

Rien n'est délicat à conduire comme certains
hauts fourneaux; ceux-là surtout qui marchent
avec des combustibles inférieurs et traitent des
minerais *réfractaires;* enfin ceux que l'on veut
maintenir quand même en production alors qu'un
long usage a usé, bouleversé le profil intérieur;
le métallurgiste a coutume de comparer son haut

fourneau au corps humain, et ce n'est point sans
trop de raison : l'humidité, la pluie qui mouillent
les combustibles, les minerais, les fondants, l'air,
peuvent *déranger* le fourneau ; le malaise se traduit
par une *mauvaise digestion* ; le minerai se montre
aux tuyères tel quel, il se mélange alors aux laitiers, se fond avec eux, les refroidit et leur ôte la
propriété de s'en aller aisément seuls, à l'état liquide, loin du creuset ; les tuyères, les *yeux* du
fourneau, cessent d'étinceler comme autant de so-
leils ; on peut alors les regarder sans s'armer d'un
verre coloré ; parfois même l'œil est *chassieux*,
c'est du laitier qui se condense tout autour, au
point que le vent pénètre avec peine, puis, la chaleur cesse de se concentrer dans le bas, elle se
porte peu à peu vers le gueulard, c'est-à-dire vers
la tête ; c'est qu'elle ne se dépense plus en opérations chimiques au ventre, à l'estomac... le fourneau a la fièvre ; la fonte elle-même a de la peine à
se carburer, elle est ferreuse, froide, blanche, ne
coule qu'avec peine... Quand tous ces symptômes
se montrent, le médecin, c'est-à-dire l'ingénieur,
n'a pas de temps à perdre ; la nourriture, c'est-à-
dire le minerai, doit être considérablement réduite
par rapport à la charge de charbon ; ce n'est pas la
diète, mais c'est une alimentation légère ; on doit,
plus que jamais, étudier ses mélanges pour que la

digestion soit facile, que la fusion puisse s'effectuer à la plus basse température possible; on
chauffe l'air lancé, autant que les appareils le permettent; on aide encore au malade par des opérations mécaniques : sans cesse les hommes armés
de crochets, de ringards, débarrassent les tuyères,
arrachent du creuset les masses non transformées
qui y tombent...

Les « indigestions » sont aussi à craindre que les
refroidissements; nous appellons *indigestion* le
malaise qu'éprouve le fourneau dans lequel les lits
de fusion sont mal préparés et ne permettent pas
aux réactions de bien se faire; c'est alors que tout
secours autre qu'un changement judicieux de la
charge devient inutile; malgré la pureté et l'abondance des combustibles, malgré la chaleur du vent,
l'énergie et le travail mécanique des hommes, le mal
empire sans cesse; la chaleur se *décentralise*, les
masses pâteuses, peu fusibles s'accumulent de plus
en plus vers le bas, où elles engorgent le creuset, les parois internes, les tuyères; le peu de vent
qui pénètre rencontre des masses solides, sur lesquelles il n'a point d'action, et les refroidit encore...
Si l'ingénieur ne se hâte, il va être trop tard, et le
fourneau rempli d'un immense magma, d'un *loup*,
n'aura plus qu'à s'arrêter; il faudra même le dé-
molir en grande partie et faire des travaux longs

et onéreux pour en retirer la masse ferreuse, résistante qui l'encombre du haut en bas et dont une grande partie ne cède volontiers qu'à la force de la poudre... Qu'on songe, en effet, que cette masse qui s'est agglomérée dans le fourneau peut atteindre 1,200 mètres cubes, un poids approximatif de 1,500 à 2,000 tonnes, une valeur de 40,000 fr., laquelle n'est rien auprès de la perte de temps, du manque à gagner, des réparations... Aussi, un ingénieur qui fait un *loup* est-il dans une situation plus misérable peut-être que le marin qui perd son navire ; il trouve bien rarement des excuses auprès de ses chefs.

Mais ici encore se montrent dans tout leur éclat la puissance du savoir, l'initiative, la vigueur morale et physique, l'énergie de l'homme, comparable, dans une arène moins glorieuse, à celle du général en chef dont l'armée est en péril, ou du navigateur dont le vaisseau est menacé de se perdre ; car les expédients les plus imprévus et les moins faciles à prévoir, peuvent seuls parfois éviter le danger.

Nous avons vu reconstruire dans le feu toute une paroi de haut fourneau qu'un long service avait brûlée : on arrosait les hommes avec des pompes ; ils étaient dans un véritable courant d'eau, d'où ils pouvaient lancer les amas d'argile destinés à boucher la brèche béante de l'incandescente fournaise.

Comme celle du marin dans la tempête, la voix de
l'ingénieur doit dominer le souffle bruyant de ce
géant, pour apporter aux hommes les ordres, les
encouragements ou les blâmes ; dans ce concert
discordant, mais non point sans grandeur, la parole du chef doit arriver claire, nette, précise,
calme, maîtresse, à l'oreille des ouvriers dont elle
ranime le courage, parfois prêt à faiblir.

Outre les engorgements et les chutes des parois,
on a à craindre encore les infiltrations des fontes,
qui, perçant la *sole* du creuset, arrivent dans des
galeries qui traversent, au-dessous du sol, les as-
sises du fourneau : ces galeries sont le réceptacle
des eaux en excès, qui servent dans diverses opérations, et si par malheur la fonte liquide arrive
brusquement jusque-là, l'explosion d'un baril de
poudre est à peine comparable à celle qui se produit sous l'action de l'énorme quantité de vapeur
d'eau formée instantanément : tout est renversé
autour du fourneau, et les hommes atteints par ce
mélange de vapeur et de fer fondu terminent là, par
une mort horrible, leur utile et pénible existence.

Ailleurs, c'est le gaz des fourneaux qui, se mé-
langeant avec l'air, forme un mélange détonant
qui éclate dans les appareils où on l'utilise ; c'est
surtout pendant les courts arrêts du fourneau qu'un
pareil accident est à craindre. Je me souviens qu'un

de nos hommes qui, après la coulée, venait rallu-
mer les gaz éteints dans les appareils, fut projeté
au loin par la force de l'explosion ; tout fut renversé autour de lui.

On a vu que les gaz qui s'échappent des hauts
fourneaux sont combustibles, à cause de la proportion d'oxyde de carbone qu'ils contiennent. On
ne songea point à les utiliser tout d'abord ; ils se
perdaient dans l'atmosphère. Enfin, on eut l'idée de
les recueillir et l'on employa dans ce but des dispo-
sitions analogues à celles que nous figurons ; dans
l'une d'elles o.o.o.o sont des ouvertures ménagées dans les maçonneries et qui se rendent dans
un espace annulaire C ; les gaz suivent ce chemin
pour être ensuite repris par le tuyau de tôle T.

Dans l'autre disposition, le haut du fourneau
est fermé par un cône C, que maintient un contre-
poids ; la charge se fait en O.O., elle aide même à
empêcher les fuites des gaz qui ne trouvent alors
d'autre issue que le tuyau T qui les amène sous les
chaudières destinées à fournir de vapeur les machines soufflantes. Plus tard on s'en servit pour
chauffer l'air avant de le lancer dans le haut fourneau ; ce fut là une remarquable application ; l'air
ainsi échauffé, de 500° environ, réduisit de 20
pour 100 la consommation du combustible. Les
appareils employés pour le chauffage de l'air con-

sistaient essentiellement en une série de tuyaux
de fonte dans lesquels circulait le vent au sortir
des machines, pendant que les gaz mélangés d'air,
venaient brûler tout autour dans une chambre de
brique qui enfermait toute la série des tubes de
fonte.

Ces appareils, encore très-employés, ont deux in-

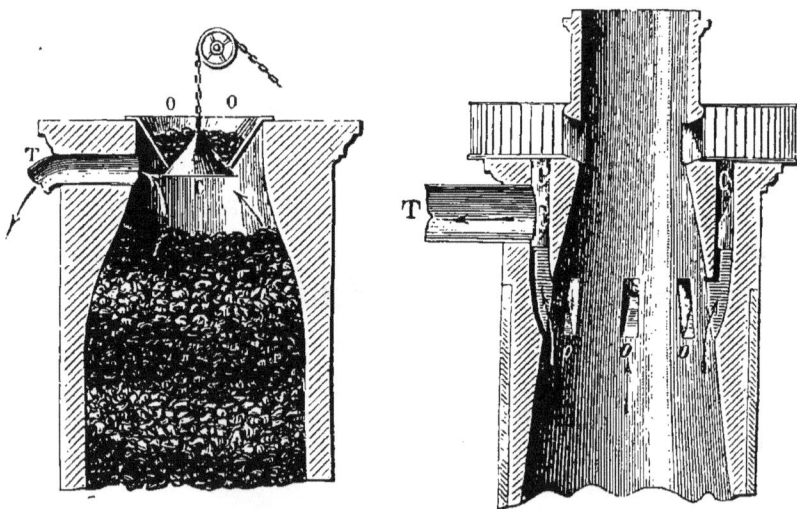

Systèmes pour recueillir les gaz des hauts fourneaux.

convénients : le premier, c'est qu'étant généralement placés assez loin des fourneaux, pour n'en pas
gêner le service, le vent, dans le trajet qu'il est alors
obligé de faire avant d'arriver au fourneau, perd
jusqu'à 100° de la température qu'il avait acquise ;
le second désavantage c'est qu'on ne peut chauffer

l'air au-dessus d'une certaine limite, sans s'exposer
à brûler les tuyaux de fonte.

Pour obvier à ces inconvénients nous proposâmes
en 1862, de placer l'appareil de réchauffage d'air
dans les immenses maçonneries qu'on faisait alors
aux fourneaux ; le vent y devait circuler dans des
conduites de briques et non pas de fonte. Mais, sur
ces entrefaites, nous quittâmes la France et la métallurgie ; à notre retour, les Anglais avaient réalisé
une idée analogue à celle que je viens d'exposer ;
aujourd'hui même, nos maîtres de forges payent
des redevances aux deux systèmes anglais les plus
préconisés : celui de *Whitwell* et celui de *Cowper
et Siemens*. Ces ingénieurs placent leurs appareils,
dits *céramiques*, près des hauts fourneaux ; ils consistent en une multitude de petits espaces environ-
nés de briques, communiquant entre eux ; au milieu
brûlent les gaz jusqu'à ce que tout ce système de
briques soit très fortement échauffé ; à ce moment, on intercepte l'arrivée du gaz pour lancer
le vent des machines sur cet amas de briques
rouges de chaleur ; le vent qui entre froid, sort à
une température de 700 à 800°, pour entrer dans
le fourneau.

Il y a naturellement deux appareils semblables
pour chaque tuyère et quand l'un reçoit et échauffe
l'air, l'autre est échauffé par les gaz et récipro-

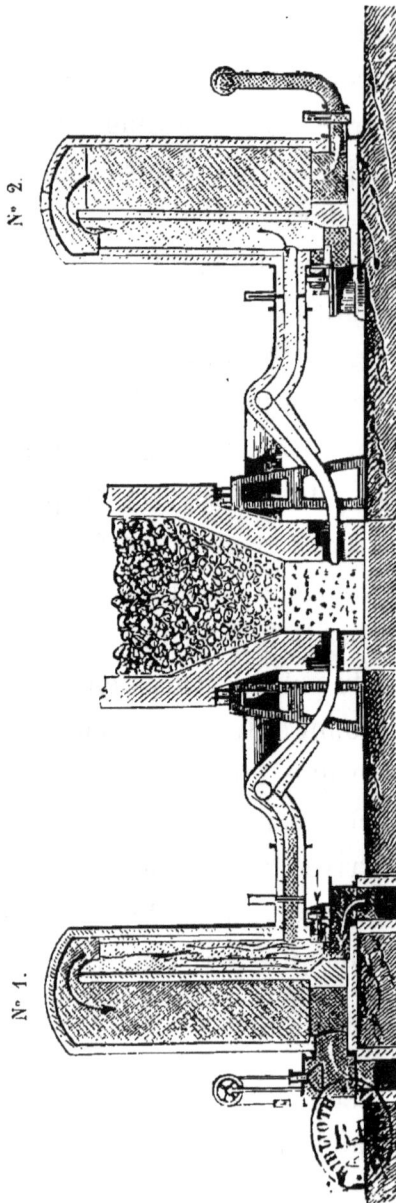

Appareil à chauffer l'air de Cowper et Siemens.

quement. Nous
donnons d'ailleurs
une illustration de
ce système , qui
montre en activité
une paire de ces
appareils. Dans le
n° 1, les valves du
gaz, de l'air pour
la combustion du
gaz, de la chemi-
née sont ouvertes
pendant que les
valves de l'air froid
et de l'air chaud
sont fermées ; dans
le n° 2, c'est l'in-
verse qui a lieu.

L'économie réa-
lisée par ces ap-
pareils est de
20 pour 100 en-
viron sur les mé-
thodes antérieu-
res. Mais l'instal-
lation est coû-
teuse ; on l'estime

Vue générale des hauts fourneaux des Forges de Denain-Anzin.

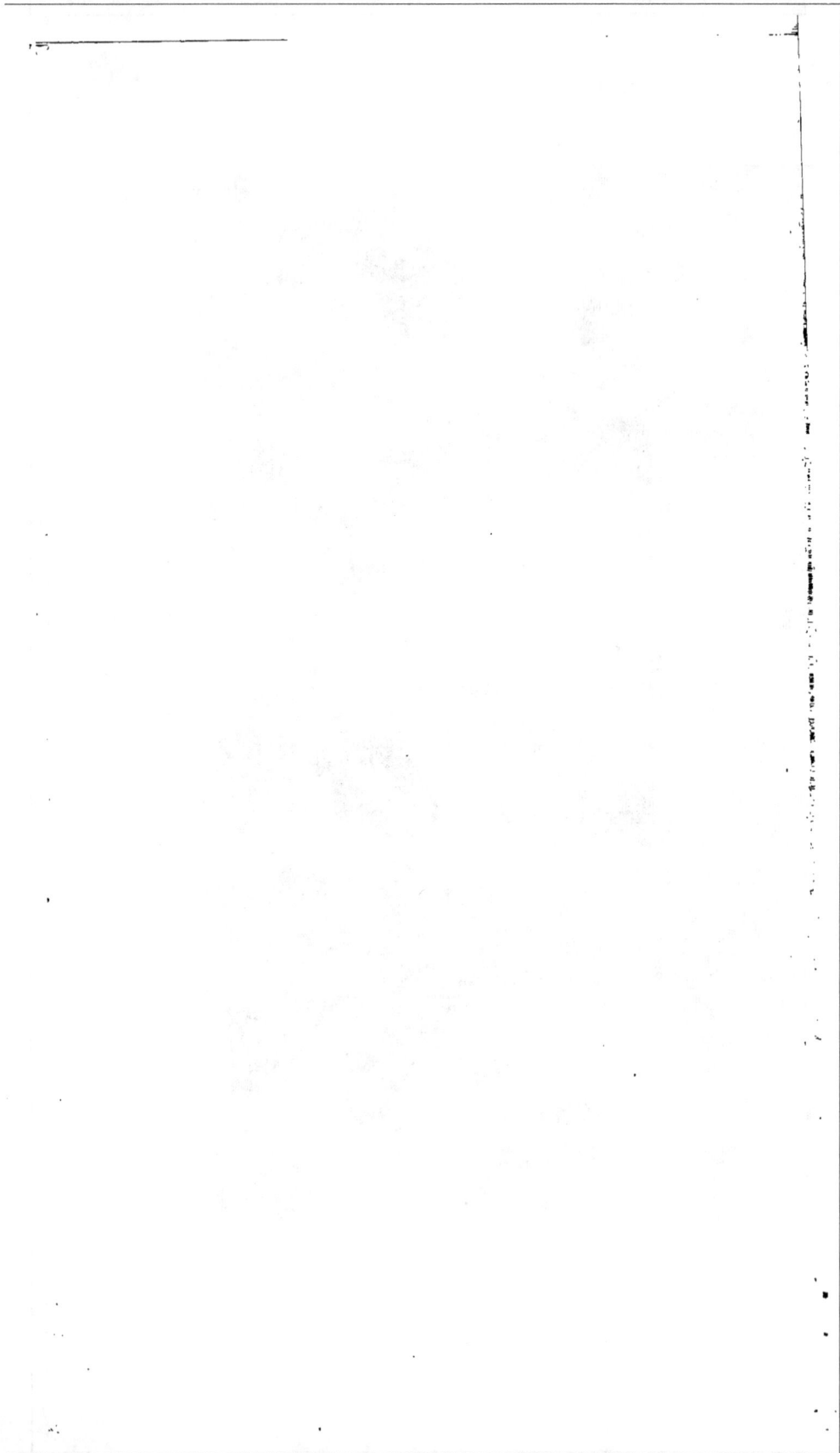

à 240,000 fr. pour un seul haut fourneau. Nous donnons la vue extérieure de deux hauts fournaux, munis de ce système céramique, qui viennent d'être établis aux aciéries de Denain. Nous devons cette vue à l'obligeance de M. Martelet, ingénieur des mines, qui a présidé à cette installation, une des plus nouvelles et des plus élégantes. Le monte-charge est actionné par le système hydraulique Armstrong, et dessert les deux hauts fourneaux dont la hauteur est de 18^m,50, et le cube de 250 mètres.

FOUR A RÉVERBÈRE ET A PUDDLER

Un des perfectionnements les plus importants de l'affinage des fontes, c'est-à-dire de leur transformation en fer, fut l'invention du puddlage que les Anglais nous ont encore fait connaître. Je ne crois pas mal à propos de dire ici, au sujet de cette priorité constante des Anglais dans les inventions sidérurgiques, qu'il faut moins l'attribuer à une supériorité intellectuelle, qu'à la nécessité où ils sont de conserver le monopole de la fabrication des fers, qui les fait vivre et les enrichit. Sous l'empire de cette nécessité, les industriels anglais essayent tout ce qu'on leur pro-

12

posc, et comme il est rare que dans la combinaison
d'un inventeur il n'y ait pas quelque chose de juste,
ils finissent toujours par l'extraire et l'appliquer ;
c'est quelquefois un grain d'or à retrouver dans un
amas de sable, mais ils trouvent le grain d'or... et
nous le laissons perdre.

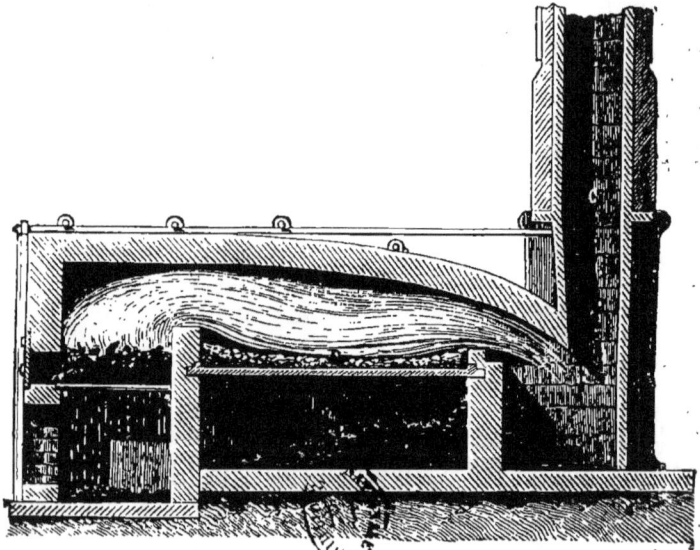

Section d'un four à puddler la fonte.

Donc, dès 1774, les Anglais puddlaient, c'est-à-
dire, affinaient la fonte, *à la houille*, dans un four
spécial dit *à réverbère :* nous en donnons ci-joint
une coupe et une vue en perspective. La houille
brûle sur la grille, sa flamme vient sur la sole D où
se charge la fonte, pour sortir enfin par la chemi-

Four à puddler.

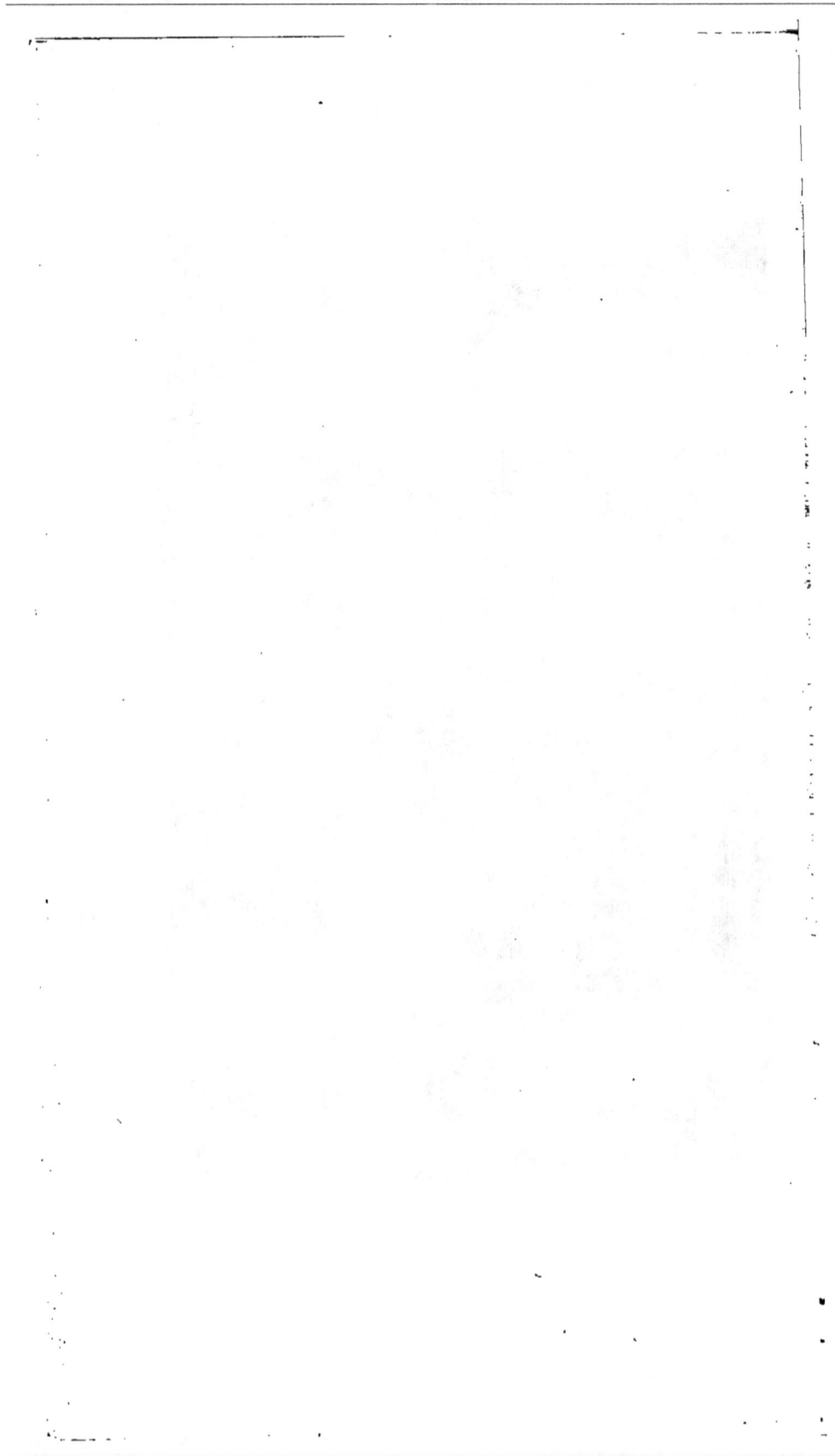

née C : on règle le tirage par un registre, qui n'est autre chose qu'une plaque de tôle au moyen de laquelle on peut fermer plus ou moins la partie supérieure de la cheminée. Souvent aussi les flammes avant de se perdre dans l'atmosphère passent sur les parois d'une chaudière verticale et sont utilisées à faire de la vapeur. Les scories produites pendant le travail s'écoulent de la sole, à la droite du four qui est en contre-bas du côté par lequel les flammes arrivent. Elles s'entassent dans l'espace ménagé au-dessous de la cheminée, d'où on les retire par une ouverture disposée à cet effet. Enfin, le puddleur brasse la fonte, fait sa sole, etc., en passant ses outils par des portes que l'on voit figurées dans la vue en perspective.

L'invention de ce four fut une révolution, il devenait possible, non seulement d'obtenir de grandes quantités de fer, mais encore de se servir de la houille, le combustible le plus abondant et le meilleur marché. Ce n'est pourtant que vers 1830, que ces méthodes furent introduites en France, avec des ouvriers anglais, qu'il fallut payer au poids de l'or, mais grâce à ces émigrants, les grandes forges de la Loire se fondèrent.

Dans un four à puddler on charge 200 kilogrammes de fonte environ, et 50 kilogrammes de scories riches en fer ; on pousse activement le feu, la matière entre en fusion et l'ouvrier la brasse avec son ringard, il règle son feu au moyen du registre; peu à peu le fer se forme, se précipite en molécules pâteuses qui s'agglomèrent comme des grains de neige, au bout du ringard, on forme ainsi une *loupe* qu'on enlève du four et qu'on martèle : c'est le fer.

D'après les recherches de plusieurs métallurgistes et, entre autres, de notre savant professeur M. Lan, qui consacra plusieurs années à cette étude, l'affinage de la fonte se ferait surtout par l'oxygène des oxydes de fer auxquels on la mélange dès le moment où elle entre en fusion dans le four; le silicium, plus oxydable, disparaît le premier, puis vient le tour du carbone, dont le départ provoque un bouillonnement marqué; quant au soufre et au phosphore ils ne sont éliminés qu'en dernier lieu. Cette théorie n'est pas d'ailleurs particulière au puddlage, elle s'applique aux opérations métallurgiques les plus simples que nous avons décrites, comme aux plus grandioses que nous décrirons.

Le travail du puddlage exige de la part de l'ouvrier une grande expérience, une force musculaire très-développée, une santé robuste : toutes ces conditions réunies font qu'il est payé très-cher. Malgré cela l'homme à ce travail est usé de bonne heure.

Aussi, soit difficulté de se procurer de bons pud-

dleurs, soit philantropie, soit par ces deux raisons
à la fois, les métallurgistes cherchent depuis longtemps le moyen d'opérer mécaniquement ce travail.

En 1855, MM. Walker et Warren rendirent mobile la sole du four à puddler en la faisant tourner
autour d'un axe légèrement incliné ; la fonte se
brassait ainsi automatiquement : telle fut la première forme sérieuse du puddlage mécanique. Plus
tard M. Maudslay plaça la sole sur un chariot :
enfin, M. Menelaus, métallurgiste du pays de Galles,
reprit ces appareils, opéra en grand, mais s'arrêta
devant des difficultés pratiques ; il ne sut pas trouver de substance qui put résister à l'action corro-
sive des corps qu'il voulait traiter. Depuis quelques
années un Américain, M. S. Danks, a fait pratique-
ment fonctionner des fours à puddler mécaniques,
en faisant le garnissage intérieur de ses fours avec
du minerai ou même des scories de forge. Cette application capitale a été revendiquée par des maîtres
de forges qui prétendaient l'avoir depuis longtemps
pratiquée. Quoi qu'il en soit, le grand écueil est levé ;
on a trouvé dans le minerai de fer, mêlé parfois à
de la chaux, le vase qui convient pour maintenir le
métal liquide, pendant qu'on l'agite mécaniquement pour l'amener à l'état de fer, et l'on peut
imaginer, en se basant sur cette découverte, un
grand nombre de dispositifs différents.

Le dispositif de Danks consiste, d'après la vue perspective ci-contre, en un foyer ordinaire, qui envoie ses flammes dans un tambour, lequel est muni à sa partie extérieure d'une roue dentée, que commande un pignon : c'est dans l'intérieur de ce tambour que se trouve la fonte sur laquelle passent constamment les flammes du foyer, pendant que l'œuvre de puddlage, c'est-à-dire la décarburation, s'opère peu à peu ; après avoir agi, les produits de la combustion s'écoulent par la cheminée.

Pour donner une idée de l'excellent accueil fait à ce procédé, nous dirons, que, importé en Europe vers 1871, à la fin de 1872 il avait 74 applications dans neuf usines différentes d'Angleterre, sans parler de celles qui s'organisaient en Belgique et ailleurs.

Depuis, la valeur pratique de ce système s'est confirmée ; on peut se passer des bras de l'homme pour le puddlage, et produire cinq fois plus qu'avec l'ancien four ; enfin, la qualité du produit est plus homogène, et se vend plus cher, bien que la consommation de la houille soit moins grande.

Le four Danks produit un bloc de fer de 4 à 500 kilogrammes, c'est-à-dire décuple de ce que l'homme peut successivement extraire à la main de son four. On se félicita tout d'abord de ce

Four de puddlage mécanique de S. Danks.

résultat, qui pouvait avoir un avantage énorme dans la fabrication des rails en fer : ceux-ci, en effet, sont actuellement composés de plusieurs morceaux de fer réunis par le soudage, il en résulte qu'à la longue, dans le service, le rail se dessoude et que l'on est obligé de le *rebuter* bien avant qu'il soit usé ; un rail en fer ne casse presque jamais, il n'a pas non plus le temps de s'user, *il se dessoude :* de sorte que, du jour où, grâce au four Danks on aurait des blocs de fer qui permettraient de faire un rail d'une seule pièce, on ne craindrait plus les dessoudures, les rails feraient leur temps : ils s'useraient.

Mais on avait compté, dans cette espérance, sans la difficulté qu'il y a à marteler une masse de fer naissant de 450 kilogrammes. Que l'on songe qu'un bloc pareil est intimement mélangé de scories et qu'il faut absolument les extraire, ce qui conduit à installer de gigantesques marteaux ou presses ; tout l'ancien matériel devient inutile, c'est une dépense énorme devant laquelle on recule d'autant plus que, malgré l'énergie extraordinaire des moyens employés, les résultats ne sont pas toujours certains.

Un Français, M. Pernot, reprenant l'idée de Walker et Warren, celle surtout qu'avait essayée Maudslay, a construit, en 1873, un four qui, tout en produisant un bon puddlage mécanique, per-

met, comme d'habitude, d'extraire successivement
de la masse de petits lopins de 40 à 50 kilogrammes, les mêmes que peuvent travailler nos
forges actuelles ; bien plus, M. Pernot porte la
charge de fonte à 1,000 kilogrammes. Ce nouveau
four a pour sole une cuvette circulaire en fonte,
convenablement garnie intérieurement, mobile autour d'un axe incliné. Les bords de la cuvette
viennent affleurer avec un jeu de 3 centimètres
sous les parois du laboratoire du four et comme
le vent est soufflé, l'air atmosphérique extérieur
ne peut pénétrer par cet interstice. La sole est
inclinée de 10 à 12 pour 100 ; elle est munie d'une
couronne dentée qui reçoit sa commande d'un pignon, à raison de 2 à 3 tours par minute; le tout
est supporté par un chariot de façon que, l'opération terminée, on peut emmener la sole et son
contenu.

L'inventeur accuse, sur les anciens fours, une
économie de 25 à 50 pour 100 de combustible; de
50 pour 100 dans le déchet de la matière élaborée ;
grande diminution de main-d'œuvre avec une production double.

Bien que ces procédés de M. Pernot n'aient pas
été sanctionnés, jusqu'ici, par d'autres applications
que les siennes, il y a lieu de croire qu'ils doivent
donner des avantages notables ; cependant ils lais-

sent encore à l'ouvrier le pénible travail de la formation des loupes ; mais on observe, à cet égard, que toutes les opérations habituelles du puddlage sont singulièrement facilitées ici par le mouvement de rotation continu de la sole, qui amène constamment devant la porte de travail les diverses parties des matières chargées : le ringard n'a qu'à parcourir le rayon de la sole.

M. Pernot ne s'est point arrêté là, et il annonce qu'il peut, sur sa sole tournante, fabriquer de l'acier plus régulièrement et plus vite que par les procédés analogues actuellement en usage.

TRAVAIL DE L'ACIER.

Nous venons de voir que le travail du fer mène à celui de l'acier. En principe, nous n'aurions jamais dû séparer ces deux genres de travaux, car on est bien en peine quand on veut saisir l'exacte démarcation qui sépare ces deux substances; mais la faute en est à la faiblesse des méthodes anciennes, qui étaient obligées de prendre des voies tout à fait différentes pour traiter des substances des plus analogues; on s'en rendra compte, d'ailleurs, par le résumé rapide que nous allons faire des fabrications diverses de l'acier.

Il y a quelque temps déjà que le hasard seul ne guide plus le forgeron dans la fabrication de l'acier; il n'avait pas attendu les derniers progrès pour se rendre compte que l'acier est du fer combiné à une certaine quantité de carbone, et avait même coutume d'obtenir ce produit soit en alliant du fer pur à du carbone : c'était l'*acier de cémentation;* soit en enlevant à la fonte une certaine proportion de carbone : c'était l'*acier naturel.*

Mais si la qualité de la matière première influe sur la qualité du fer, c'est bien pis encore quand il s'agit de l'acier ; il n'est même possible, d'une manière générale, d'obtenir de l'acier qu'en opérant sur un fer ou une fonte ne contenant d'autre substance étrangère que le carbone : je pense que tout le secret de la bonne fabrication est là, et qu'il est inutile, même à l'exemple de chimistes éminents, de faire intervenir dans la question d'autres corps à l'état infinitésimal ; l'analyse a pu les rencontrer, mais ce n'est point à dire que leur présence soit nécessaire à la constitution même de l'acier. Nous admettrions plutôt l'inverse, à savoir qu'un minerai donne d'autant mieux de l'acier, qu'il est plus exempt de toute matière autre que le fer. Quoi qu'il en soit, il est peu de questions qui aient donné lieu, plus que l'acier, à ces théories arbitraires qui rappellent celle du phlogistique des anciens, théories dans lesquelles l'imagination et l'hypothèse jouent le plus grand rôle : aussi semblera-t-il peut-être surprenant que l'on veuille réduire ici la question à un simple fait de *pureté* ou d'*impureté* des matières premières ; pourtant tout semble se passer comme s'il en était ainsi. Nous voyons, par exemple, les minerais en grains, si abondants en France, fournir d'excellent fers, et ne point donner d'acier jusqu'ici, malgré toutes les tentatives qui ont pu en être faites ; ces minerais ne contiennent pas de phosphore, soufre ou arsenic dans une proportion qui empêche généralement à un minerai de donner de l'acier, mais *ils sont pauvres*, ils ne rendent que 42 à 45 pour 100 de fer ; ce qui reste — les matières terreuses — fournit, par la réduction, à la fonte assez de substances étrangères pour que l'on ne puisse pas la convertir en acier. En d'autres termes, les bases, telles que l'alumine, la magnésie, la chaux, lorsqu'elles atteignent une certaine proportion dans un lit de fusion, passent en quantité suffisante dans le métal pour lui nuire tout autant que le phosphore lui-même. Comme ces impuretés peuvent provenir du combustible, on voit qu'il est important, pour les fontes à acier, d'employer un coke qui ne contienne pas trop de cendres.

Mais quand le lit de fusion est riche en fer, nous

n'avons plus à compter qu'avec la présence du phosphore et des autres substances que nous avons déjà
signalées. Ces substances, avons-nous dit, échappèrent longtemps à l'analyse, et l'on ne savait à
quoi attribuer ce fait étrange, que des minerais en
tout semblables, mais provenant de points divers,
différaient pourtant en ce que les uns donnaient de
l'acier, et les autres n'en donnaient pas. En France,
où l'on se trouvait par ce fait, à la merci des marchés étrangers, il fut fait de louables efforts pour
arriver à tirer de notre propre sol les qualités supérieures qui nous étaient si utiles, et que les Allemands, les Suédois nous vendaient si cher ; mais
on ne pouvait vaincre les défauts mystérieux de
nos minerais. Réaumur pouvait écrire, en 1722 :

« ..... Le royaume qui a des aciers communs à
revendre, manque d'aciers fins : il lui coûte, tous
les ans, des sommes considérables pour s'en procurer, aussi n'est-il rien que l'on n'ait tenté plus de
fois que d'établir des manufactures pour transformer nos fers en aciers ; c'est un art qui est conservé
mystérieusement dans les pays où on le pratique. »

On attribuait donc aux méthodes d'action, et non
point à la nature intime du minerai, ce fait qu'il
ne donnait point de l'acier ; et partant de ce faux
principe, on était toujours conduit à faire de nouvelles tentatives, sur la foi d'hommes qui avaient

fabriqué l'acier en Suède et en Allemagne ; chaque
fois on arrivait à une nouvelle déception : on en
vint même à croire à des influences mystérieuses,
que l'on tâcha de combattre par des additions tout
aussi mystérieuses : chacun avait sa *poudre*, et le
célèbre Réaumur lui-même préconisa un *cément*
qui n'eut pas plus d'effet que les autres. Cette
ignorance, au sujet des phénomènes qui se produisent dans la formation des aciers, se perpé-
tua jusqu'à ces derniers temps. En 1846, un
ingénieur célèbre, M. Le Play, trouva, pour expliquer cette inexplicable influence de la matière première, un mot heureux, la *propension aciéreuse*;
le mot fut adopté et fit école; c'était le « *natura
horret viduum* » et l'on se contenta de cette
pseudo-explication, qui essayait de sauvegarder
l'amour propre de nos savants. D'ailleurs, dans
son ouvrage de 1846 [1], M. Le Play était découra-
geant, il avait passé de longues années à étudier
la question de l'acier dans toute l'Europe, ses
mémoires sur la matière faisaient loi ; or il ap-
portait pour conclusion, que les seuls minerais
oxydulés de la Scandinavie avaient la « propension
aciéreuse, laquelle est essentiellement distincte
des autres qualités qui caractérisent actuellement

---

[1] Mémoire sur la fabrication et le commerce des fers à acier dans
le Nord de l'Europe. (*Annales des mines.*)

les meilleurs fers. » Partant de là, l'honorable ingénieur pensait que toutes les nations civilisées allaient devenir tributaires de la Scandinavie, que ses immenses amas de minerai aciéreux y seraient transformés en fer grâce aux bois des forêts qui couvrent la majeure partie des territoires; enfin ces fers, emportés par les navires sur tous les rivages du globe, se changeraient en acier dans les divers pays. M. Le Play considérait même comme heureux que ce concours de conditions naturelles pour la fabrication des aciers se rencontrât précisément dans les États de Scandinavie, que leur « position même, la modération du gouvernement et des habitants, placent en dehors des luttes qui peuvent agiter le monde. »

Si nous rappelons ces paroles d'un auteur respectable, c'est bien moins par esprit de critique que pour montrer combien à vingt-cinq ans de distance les choses ont changé. A l'époque dont je parle, l'acier fin était presque un objet de luxe; il valait jusqu'à 2 francs le kilogramme; quelques années plus tard, des *rails* en acier, finis, coupés de longueur, percés aux deux bouts et garantis, se sont vendus 25 centimes le kilogramme, le dixième du prix de la veille.

Ce perfectionnement venait d'ailleurs à point; ne fallait-il pas couvrir les pays civilisés d'un ré-

seau continu, à mailles aussi serrées que possible,
de rails de fer? Les anciennes méthodes, la Scandinavie, avec ses riches mines et ses vastes forêts,
n'y eussent jamais suffi, et c'est à peine si, aujour-
d'hui, cette contrée, qui fabrique toujours assez
cher, a pu conserver son ancienne et limitée clien-
tèle; c'est à peine si elle compte [1] dans l'immense
fabrication d'acier du monde que, d'après M. Le
Play, elle devait éternellement alimenter! Bien
plus, ce savant, se laissant guider par les faits anté-
rieurs, les insuccès des siècles passés, se pronon-
çait déjà hardiment contre l'opinion qu'un con-
temporain venait d'émettre (1846), à savoir : que
les fers des Pyrénées, ainsi que les nouvelles mines
de fer d'Algérie, *pourraient fournir de l'acier*.
Comme ce sont les deux points qui concourent aujourd'hui le plus activement à l'alimentation des
aciéries de l'Europe, je donnerai ici le texte même
de l'auteur :

« Le rapport relatif aux mines de l'Algérie constate que de riches et puissantes mines de fer oxydulé magnétique existent à proximité de divers
points du littoral,... qu'il y existe, en un mot, tous
les éléments d'une importante fabrication de fer...
Mais ce rapport, en se fondant sur des analyses

---

[1] La Scandinavie extrait un million de tonne de minerai par an;
le double de ce que donne la seule mine de Mokta.

chimiques et sur des rapprochements minéralogiques, croit pouvoir établir qu'il y a *identité* entre les minerais algériens et les meilleurs minerais suédois, et qu'en conséquence, il est certain que l'Algérie peut fournir au commerce des fers à acier égaux en qualité aux meilleurs fers de Suède. »

« ... L'étude des faits autorise à représenter que les assertions émises au sujet de la haute qualité aciéreuse des minerais d'Algérie n'ont point de base sérieuse... Toute assertion de ce genre est donc regrettable, car elle doit égarer l'opinion publique et nuire à la vérité qu'il importe de mettre en lumière... »

Nous pensons que cette erreur, bien pardonnable chez un homme dont l'opinion se basait sur les insuccès sans nombre des siècles passés, montrera au lecteur l'obscurité qui régnait hier encore sur ces matières, en même temps qu'elle fera ressortir la grandeur des découvertes de nos métallurgistes et la foudroyante rapidité avec laquelle elles se sont répandues. La période d'incubation fut donc très-longue ; nombre d'hommes éminents épuisèrent tout leur génie, leur temps, leurs deniers à une découverte dont l'heure n'était pas venue. Le grain fermentait lentement sous la terre ; mais la tige en a paru tout à coup, elle a grandi et porté ses fruits au moment même où notre civilisation en avait le plus besoin.

Les Allemands préparent encore l'acier par le procédé que nous avons décrit dans la partie qui traite du « moyen âge du fer » ; au lieu de pousser l'opération jusqu'à la décarburation complète, ils l'arrêtent quand ils jugent qu'il reste dans le métal la quantité exacte de carbone qui lui permet d'être « l'acier. »

On comprend qu'il faut des fontes d'autant plus pures ici, qu'elles subissent moins l'action épurante du feu ; aussi ne peut-on réussir ce procédé qu'avec les matières de premier choix de ces contrées. Ces méthodes disparaissent rapidement ; la consommation du charbon de bois y est grande et la production faible.

Il y a quelques années, on eut l'idée de répéter la même opération avec le four à puddler que nous connaissons ; on obtient de la sorte l'*acier puddlé*, qui, après martelage, est un excellent intermédiaire entre le fer et l'acier. On peut lui reprocher néanmoins un certain manque d'homogénéité et aussi la présence fréquente, dans sa masse, de matières étrangères. — L'emploi de cette substance hybride, qui a les défauts du fer et n'a pas les qualités de l'acier, n'a de raison d'être que son bon marché relatif ; sa consommation se réduit de plus en plus; néanmoins, quand il est refondu, ce métal peut donner un acier à outil de seconde qualité, bon marché, et qui convient bien à certains usages.

Nous arrivons à l'acier par excellence, l'*acier de cémentation*. C'est dans le cours du dix-septième siècle que ce fer prit un développement considérable dans divers pays de l'Europe. L'opération consiste simplement à prendre des barres de fer dont la section n'est que de 2 centimètres sur 1; on les place horizontalement dans deux grandes caisses en briques réfractaires; chaque lit de barres de fer est surmonté d'un lit de poussière de charbon de bois. On chauffe le tout par le moyen d'une grille, les fumées s'en vont par deux petites cheminées dans un grand tronc de cône, d'où elles s'échappent dans l'atmosphère.

Les deux caisses dont nous parlons, contiennent environ 27,000 kilogrammes de fer et 3,500 kilogrammes de charbon de bois ou *cément;* la chaleur qui pénètre progressivement dans les caisses ne tarde pas à atteindre le rouge cerise vif; on maintient pendant vingt fois vingt-quatre heures cette température; on laisse refroidir et on défourne. — L'opération totale dure trente jours.

A leur sortie, les barres de fer sont couvertes d'*ampoules;* leur poids a augmenté de plus d'un

centième à cause du carbone qu'elles ont absorbé.

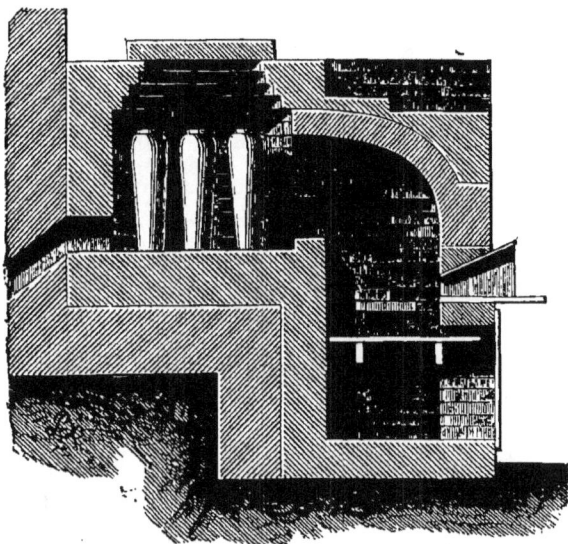

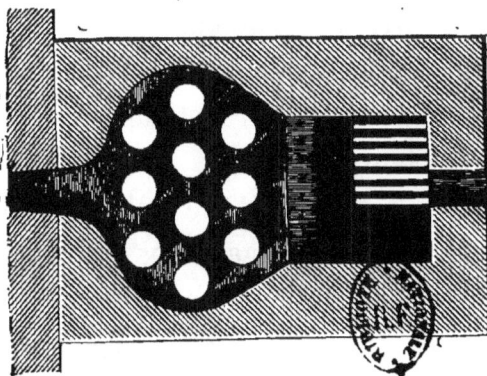

Four à fondre l'acier. — Coupe et plan.

D'après les analyses de M. Boussingault, le soufre
que contiendrait le fer ne se retrouve plus après

l'opération, à moins que la quantité contenue ne soit très-grande.

On n'est pas bien d'accord pour expliquer comment un corps fixe, le carbone, peut pénétrer dans le fer. On pense qu'il y a formation de carbures d'hydrogène gazeux assez subtils pour s'insinuer dans les porosités du fer et y laisser du carbone.

Mais précisément parce qu'on n'a jamais bien pu expliquer ce passage du carbone dans le métal, on a cru longtemps que la qualité de l'acier dépendait de la nature des substances qui peuvent accompagner le charbon de bois dont on se sert comme cément. Réaumur lui-même alla jusqu'à dire dans son célèbre traité (qui lui valut une pension de douze mille livres) que le charbon de bois employé seul comme cément *opère plus lentement que les céments salins complexes* et donne des aciers de qualité inférieure.

Son livre, qui servait de guide, conduisit aux plus fantastiques mélanges dans les céments; ceux qui ne furent pas nuisibles se conservèrent jusqu'à nos jours, où l'on voit encore parfois additionner au charbon de bois pilé du sel marin, du sel ammoniac, etc.

Le fer cémenté est fort irrégulièrement carburé; on le casse en fragments, à l'aspect seul de la cassure on reconnaît dans quelle catégorie l'échantillon doit être rangé. On procède alors comme pour les aciers puddlés, c'est-à-dire que l'on fait des paquets comprenant des aciers durs et des aciers tendres ; on réchauffe le tout et on l'agglomère par le martelage.

Mais, si l'on veut un métal vraiment.homogène, on est obligé d'avoir recours à la fusion ; la refonte purifie complétement et sûrement, tandis que le martelage n'est qu'un moyen grossier d'écarter les scories, oxydes, etc., que peuvent renfermer les fers. Rappelons que c'est Benjamin Huntsman qui éleva, à Sheffield, l'usine où pour la première fois se fit le célèbre acier fondu.

Pour fondre l'acier, on en place 20 kilogrammes en fragments dans des creusets de terre réfractaire ; ces creusets sont installés par groupes qui varient de quatre à dix, dans de petits fourneaux que l'on vient de chauffer à blanc par une active combustion de coke ; ils restent exposés à cette haute température jusqu'à ce que la fusion soit complète ; à ce moment, on démasque la porte qui les recouvre et qui est au niveau du sol de l'usine, on enlève les creusets avec des tenailles pour aller vider leur contenu dans une même lingotière.

La coupe et le plan que nous avons donnés, ne

sont qu'un des éléments d'une usine à fondre l'acier;
mais on accole un grand nombre d'éléments semblables, dont toutes les fumées viennent dans une
même galerie longitudinale pour se rendre de là
dans l'unique cheminée qui les appelle.

L'acier cémenté et fondu au creuset est d'un prix
élevé; en Angleterre cette fabrication a une telle
importance, que certaines villes comme Sheffield,
ne sont qu'une véritable et immense agglomération
de ces petites aciéries; leur installation n'est pas
coûteuse, ce qui fait que ces établissements appartiennent à un grand nombre de propriétaires qui
revendent leurs lingots d'acier aux innombrables
couteliers, fabricants d'outils, exportateurs, etc.,
de la contrée. Mais cet acier est cher; on doit, en
premier lieu, employer des fers spéciaux, des fers
de Suède ou leurs analogues, qui sont obtenus
eux-mêmes à grands prix par le travail au bois; les
dépenses en combustible pour la cémentation et
surtout la refonte de l'acier sont élevées; enfin les
quantités produites sont très-faibles, relativement
au matériel employé, aux manutentions, etc. Aussi
cette industrie, de principale qu'elle était, est-
elle devenue des plus secondaires; on peut dire
qu'elle ne subsiste que par suite de sa faiblesse
même, c'est-à-dire que si les usines à grandes productions, dont nous allons parler, voulaient se

mettre à faire l'*acier d'outil*, *l'acier dur* que donne le creuset, elles inonderaient le marché, en avilissant les prix ; mais le résultat, qui serait de détruire cette petite industrie, aurait une contre-partie, c'est que les grandes usines se trouveraient bientôt encombrées elles-mêmes de leurs propres produits. Il serait pourtant injuste de ne pas reconnaître que, grâce aux opérations si répétées que subit l'acier fondu au creuset, à la qualité supérieure des matières premières qu'on y consacre, on arriverait, pour la plupart des cas, à des produits d'une incontestable supériorité.

Nous ne parlerons point de l'acier puddlé à la houille et refondu, lequel, jusqu'à un certain point, peut soutenir la concurrence ; plusieurs usines en tirent de bons aciers courants ; mais le prix de revient est encore assez élevé.

LE PROCÉDÉ BESSEMER.

Il semble, si l'on peut parler ainsi, que les inventions poussent et grandissent sans cesse à la manière de ces arbres que la nature a doués d'une longue existence ; si quelques-uns de leurs nombreux rejetons s'atrophient, d'autres plus vigoureux, viennent les remplacer ; il en est de même dans le monde intellectuel : un siècle ne s'écoule plus sans qu'une de ces branches nouvelles apparaisse ; plus vivace que ses aînées, elle ne tarde pas à briser les faibles efforts que celles-ci cherchent à lui opposer ; bientôt elle est sortie de l'ombre, la voici au grand jour, elle s'y développe, et ne tarde pas à être un géant auprès de ses anciens compagnons qui doivent subir cette loi du plus fort et dépérissent, tandis que les robustes racines du nouveau venu s'installent sans façon au milieu de leurs débris.

Tel a été le sort du procédé de Bessemer, par rapport aux systèmes anciens de la sidérurgie ; c'est le 17 octobre 1856, que l'illustre inventeur prit son premier brevet, qui consistait *à lancer des courants d'air ou de vapeur d'eau au travers d'un bain de fonte en fusion.*

On serait presque tenté de croire que la fatalité joue un certain rôle dans ces grandes inventions révolutionnaires, quand on voit Bessemer associer alors dans son esprit comme moyen d'action, deux corps, *l'air* ou *la vapeur d'eau*, dont les effets, dans ce cas, sont différents, au point, que si l'un pouvait être admis par le raisonnement, même avant essai, l'autre devrait être exclu par tout esprit logique ; car, puisque c'est un excès de carbone contenu dans la fonte qui lui empêche d'être de l'acier, on peut comprendre qu'en brûlant cet excès de carbone par un courant d'air, le résultat, surchauffé par cette combustion intermoléculaire, soit de l'acier; mais, ce qui paraît contraire aux lois naturelles, c'est qu'il soit possible de brûler cet excès de carbone par l'oxygène qu'il faut extraire de la vapeur d'eau, attendu que, l'hydrogène étant le corps qui en se brûlant développe le plus de chaleur, il faudra lui en rendre au moins autant lorsqu'on voudra le séparer de son oxygène; c'est donc acheter de l'oxygène au prix d'un grand nombre de calories et vouloir refroidir tout le bain que d'aller le chercher dans la vapeur d'eau; si ce résultat était réalisable on aurait trouvé en chimie le *mouvement perpétuel.*

Ce résultat est d'ailleurs facile à démontrer par un calcul où l'on tient compte, d'une part, de la chaleur absorbée au bain par la décomposition de la vapeur d'eau en oxygène et hydrogène, additionnée du nombre de calories qu'emportent les gaz acide carbonique et hydrogène qui s'échappent du bain; cette somme est le passif. L'actif, c'est la chaleur produite par la combustion de l'oxygène dégagé, avec le carbone, le silicium et le fer, plus celle que pourrait donner l'hydrogène dans les combinaisons mal définies qu'il formerait. On voit aisément que cette somme est très-infé-

rieure à la première et que le bain va en se réfroi-
dissant.

Revenons à la partie logique de l'idée Bessemer :
« brûler l'excès de carbone de la fonte par un simple
jet d'air au travers de ses molécules ». De prime
abord, l'esprit est porté à ne point admettre la possibilité de cette réaction : la plupart des phénomènes que nous avons sous les yeux montrent qu'un
jet d'air a une action *refroidissante*, à moins *qu'il
n'y ait combustion ;* un courant d'air arrivant sur
de l'eau chauffée active son refroidissement, un
courant d'air sur un foyer augmente son activité ;
il s'agissait de savoir si un bain de fonte fondue se
comporterait *oui* ou *non*, comme un combustible :
le cas était des plus discutables, l'expérience seule
pouvait éclairer la question, et l'expérience a dit
qu'*un bain de fonte fondue se comportait comme
un combustible.*

Le résultat fut et reste merveilleux, non-seulement à cause de la hardiesse de la tentative, mais
plus encore à cause de l'économie obtenue ; non-
seulement l'excès de carbone brûle, mais il en est
de même du silicium ; cette impureté, si gênante
autrefois, devient ici un combustible de premier
ordre ; elle s'unit à l'oxygène plus vite que le
carbone lui-même, fournissant une chaleur plus
grande peut-être ; je dis peut-être, car, on n'a pu

jusqu'ici que constater la haute intensité de cette chaleur sans avoir exactement mesuré sa valeur. Ce fait est remarquable, car il nous présage sans doute pour l'avenir des surprises analogues : tel corps réputé nuisible, peut devenir utile si l'on opère d'une façon différente.

La chaleur due à la combustion du silicium est même tellement nécessaire, que, dans la fabrication des fontes de Bessemer, on favorise sa formation, ce que l'on éviterait soigneusement, comme nous l'avons vu, s'il s'agissait du travail du fer. Certains minerais d'Autriche, par exemple, trop fusibles pour permettre la température à laquelle la silice se réduit aisément, donnent des fontes qui manquent de ce *combustible* pour l'opération Bessemer, et l'on est obligé d'y obvier en lançant de l'air fortement échauffé et même chargé mécaniquement de poussière de carbone.

Il résulte de là que la température des hauts fourneaux à fonte Bessemer, doit au moins s'élever au point qui correspond à la réduction de la silice ; il est probable qu'à ce degré d'autres substances en profitent pour se réduire ; les phosphates entre autres sont dans ce cas, puisqu'on constate toujours plus de phosphore dans les fontes grises obtenues à hautes températures que dans les fontes blanches, toutes choses égales d'ailleurs ; n'en serait-

il pas de même des bases terreuses qui sont, avons-
nous dit, si nuisibles, et ne pourrait-on pas en diminuant la température à laquelle on marche pour
la fonte Bessemer, arriver à employer nos minerais
en grains français qui ne contiennent d'autre
impureté que ces bases terreuses? On obtiendrait
ainsi des fontes qui ne renfermeraient pas, il est
vrai, de silicium, mais on pourrait les mélanger
avec une certaine proportion de fonte extra-sili-
ceuse, obtenue alors avec les minerais habituels
à acier.

Pour abaisser encore la température à laquelle
se produiraient ces fontes, on pourrait introduire
dans le lit de fusion une certaine quantité de minerai manganésifère, le manganèse ayant l'heureuse propriété de produire des laitiers qui fondent
à de basses températures, de sorte que le départ
des matières étrangères s'opère sans qu'on ait besoin de ces températures excessives, auxquelles
un si grand nombre de substances nuisibles passent
par réduction dans les fontes.

Constatons que dans l'opération Bessemer, le
carbone et le silicium sont les seuls corps qui se
séparent; les autres restent, sans que jusqu'ici on
ait trouvé le moyen d'opérer leur départ.

Un mot nous servira à faire comprendre l'action
et l'importance de la merveilleuse invention Besse-

mer : c'est un creuset immense qui, au lieu de
fondre 15 kilogrammes d'acier comme ceux que
nous avons décrits, convertit en acier ou fer liquide, jusqu'à 10,000 kilogrammes de fonte, et cela
dans l'espace de 15 minutes, sans autre combustible qu'une faible partie du fer, tout le silicium et
tout le carbone de la fonte, c'est-à-dire les matières
mêmes qu'il s'agit d'enlever à ces fontes pour les
métamorphoser en acier. N'est-ce pas un rêve
réalisé quand on pense, surtout, que la matière
sur laquelle on agit, la fonte, au point de départ,
ne se trouve qu'à 1000° de température et que le
fer que l'on retire, est un liquide dont la température peut atteindre 2000° !

Dès la première opération, qui eut lieu sur 400 kilogrammes de fonte, les résultats dépassèrent toute
attente ; la fonte était placée dans un vase cylindri-
que, garni d'argile à l'intérieur ; six tuyères ame-
naient le vent à la partie inférieure ; une simple plaque de tôle maintenue au-dessus de l'appareil avait
pour but d'empêcher les projections au loin des matières ; dès les premières minutes, rien d'anormal,
le vent sortait fort chaud, entraînant quelques *projections* de matières scoriacées et ferreuses, pendant que l'on entendait à l'intérieur du vase le
bruit sourd de la fonte en travail ; quelques minutes
plus tard, apparut une flamme qui allait grandis-

14

sant et jetant une vive lueur ; bientôt les projections
de scories augmentèrent, et comme à ce moment,
la plaque de tôle qui était suspendue à 30 centimètres au-dessus de l'appareil entrait en fusion
sous l'effet de la flamme, rien n'arrêta plus les projections de scories et de fer incandescent qui cou-
vrirent tout le voisinage. Quand on put arrêter le
vent, une petite quantité de fer *doux et fondu* restait encore au fond de l'appareil.

Le succès était évident, il n'y avait plus qu'à lui
donner une forme matérielle pratique. Ce n'est
qu'en 1859, en Suède, qu'une usine fonctionna régulièrement avec ce merveilleux appareil ; ce fut
alors aussi que Bessemer commença à recevoir les
bénéfices d'une invention qui avait absorbé sa fortune ; et lorsque huit années après j'eus l'occasion
de le voir à Londres, on faisait par son procédé
environ 100,000 tonnes de fer fondu par an, ce qui
lui fournissait un revenu de deux à trois millions.
Constatons, en passant, que notre siècle est en progrès, les inventeurs sérieux loin d'y être méconnus,
ou persécutés, tirent souvent de leurs recherches
honneur et profit.

Aujourd'hui les appareils Bessemer sont de grandioses installations ; et nous allons essayer d'entrer ici dans les détails de cette intéressante opération.

Que l'on imagine une immense cornue de tôle, garnie intérieurement d'une enveloppe réfractaire et mobile autour d'un axe horizontal Z placé vers le milieu de sa hauteur. Cette cornue est munie à sa partie inférieure d'un réservoir B qui communique avec l'intérieur de la cornue par le moyen d'une série de petites tuyères $x.x$. Le vent d'une machine soufflante, dont la force atteint 600 chevaux pénètre jusque-là parcourant d'abord le tuyau F, puis pénétrant par l'un des axes mêmes, ou *tourillons* Z, qui supportent la cornue ; cet axe est donc creux et communique avec la base de l'appareil par l'intermédiaire de l'espace annulaire D et du tuyau C.

Quand on veut opérer, on fait pendant quelques instants dans la cornue un feu de houille, qu'on active par l'air de la soufflerie : puis on renverse la cornue sens dessus dessous, afin de jeter les cendres et charbons qui n'auraient pas brûlé. Ceci fait, on met la cornue dans une position telle qu'elle puisse recevoir par son ouverture $a.f.$ la fonte qu'on veut transformer ; celle-ci, fondue et pétillante, arrive soit directement du haut-fourneau lui-même, soit de la sole d'un four à réverbère, soit du creuset d'un cubilot ; on coule ainsi dans l'appareil une quantité de fonte qui varie entre 3,000 et 10,000 kilogrammes, suivant la grandeur des installations.

La fonte s'emmagasine dans la dépression Y *du dos* de la cornue, sans atteindre encore le fond ; c'est alors qu'on *donne le vent*, tout en *redressant la cornue ;* ce dernier mouvement ramène le métal

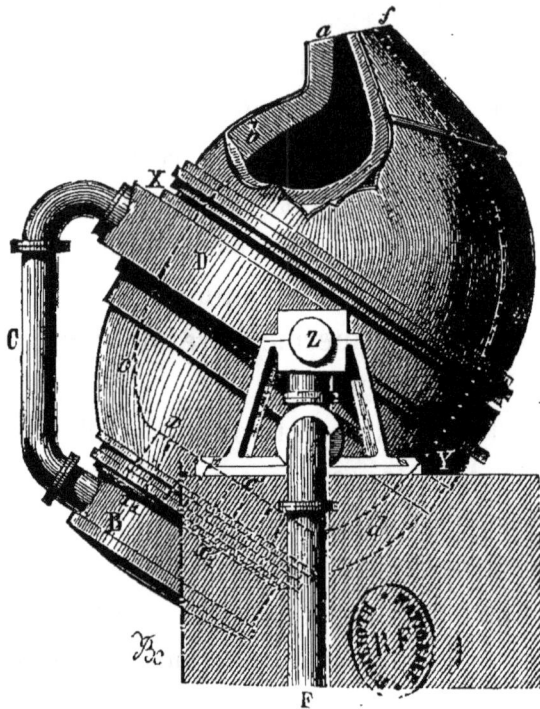

Le convertisseur Bessemer.

fondu sur la surface même qui porte les tubes d'arrivée du vent, lequel, lancé avec une pression d'une atmosphère et demie, traverse impétueusement le bain de fonte, qu'il brasse et affine d'une façon bien autrement puissante que ne le faisait jusqu'ici le faible bras du puddleur ; bien qu'il ne faille pas oublier que dans toutes les méthodes si diverses de travail du fer dont nous avons parlé, la loi chimique garde son unité et que les réactions qui s'opèrent dans l'humble creuset du nègre d'Afrique sont les mêmes que nous constatons dans l'appareil Bessemer.

C'est par une centaine d'ouvertures que l'air s'élance au travers de la fonte comme autant de ringards gazeux ; tout d'abord le silicium brûle et augmente les scories qui se projettent partiellement hors de l'appareil, en brillantes étincelles ; un courant de gaz chaud s'échappe alors presque sans flamme, il s'engouffre sous la large base de la cheminée qui l'emporte dans l'atmosphère. Puis, la combustion du carbone s'opère, la flamme augmente, elle éblouit : la température devient énorme, les projections augmentent et les phénomènes volcaniques, dimensions à part, seraient bien pâles auprès de cette masse rugissante, de ce foyer où le combustible est le fer; car le fer lui-même brûle dès que les autres matières font défaut : on s'en aperçoit à la maigreur relative de la flamme ; il est temps d'arrêter l'opération, on *renverse la cornue*, on *arrête le vent*, et des milliers de kilogrammes de fer fondus coulent dans les lingotières... L'opération a duré de

15 à 20 minutes. La difficulté est de l'arrêter à temps. On comprend qu'une erreur de quelques secondes en plus ou en moins devienne notable dans le résultat d'une opération aussi courte; quinze secondes d'erreur sont un maximum qu'il ne faut pas atteindre sous peine d'avoir un métal inutilisable : pour mesurer cet instant *mathématique* où l'opération doit être suspendue, on emploie avec succès le spectroscope ; quand la raie du carbone disparaît du spectre on arrête. Ailleurs on se guide simplement en observant la flamme à l'œil nu ou armé de verres de couleur.

On conçoit facilement que, devant compter des espaces de temps aussi courts que des secondes, il est nécessaire que les mouvements mêmes de chaque appareil s'exécutent avec une précision mathématique et à la volonté du maître. Le plus souvent, pour ces manœuvres qui exigent d'immenses efforts presque instantanés, on se sert d'une force hydraulique; de petites pompes à vapeur travaillent sans cesse à remplir un *accumulateur de pression* ; on appelle ainsi un cylindre très-robuste, en fer forgé, fermé par le bas, ouvert par le haut, contenant un piston chargé de poids à raison de plusieurs centaines de kilogrammes par centimètre carré de surface. L'eau, vigoureusement poussée par les petites pompes, pénètre

Une usine Bessemer.

peu à peu dans ce cylindre dont elle soulève lentement le piston, et c'est ce liquide même qu'à un moment donné on fait agir par l'intermédiaire d'un moteur, pour manœuvrer soit l'immense cornue qui, chargée d'acier, peut peser 15,000 kilogrammes, soit la *poche* dans laquelle se fera la coulée : l'eau, à cette pression de plusieurs centaines d'atmosphères, laisse bien loin derrière elle, sous le même volume, la puissance de la vapeur; et quand on voit se mouvoir avec tant d'aisance ces masses énormes, qu'on les voit obéir si vite à la pensée, on ne peut croire que la force qui les commande soit simplement de l'eau passant en un tuyau de quelques centimètres à peine de diamètre !

L'homme qui conduit ces opérations multiples et souvent simultanées est placé sur une plate-forme élevée, d'où son œil peut atteindre tous les organes des vastes outils qu'il doit mettre en mouvement : *sous son doigt*, se trouve un clavier dont chaque touche est un levier de commande, sur lequel il suffit d'agir pour voir toute cette matière lourde et brutale entrer en mouvement avec une telle aisance, qu'on croirait que l'opérateur dispose des muscles d'un géant.

Les combinaisons du procédé Bessemer sont si bien conçues que peu d'accidents graves se sont encore produits, dans ces opérations où on manœuvre

une masse liquide qui contient une somme fabu-
leuse de *calories ;* rien n'arrêterait un tel fluide s'il
venait à se renverser dans l'usine, il y répandrait
partout la mort, la dévastation et l'incendie.

EMPLOI DU MANGANÈSE.

Comme il est nécessaire, suivant les besoins,
d'avoir un métal plus ou moins riche en carbone,
on s'ingéniait, dans le principe — et cela se fait
encore dans certaines usines — à suspendre le jet
du vent dans la fonte au moment où celle-ci ne contenait plus que la quantité de carbone requise ;
mais c'était là une grande difficulté. On eut enfin l'idée de pousser toujours l'opération jusqu'à
la disparition complète du carbone, puis d'ajouter à ce moment une proportion de fonte riche
en carbone, lequel interviendrait dans la mesure
voulue pour donner au bain la nature désirée.
Mais en brûlant ainsi tout le carbone, il arrive
qu'une certaine quantité d'oxygène reste dans
le bain à l'état d'oxyde fusible, et même à l'é-
tat de simple mélange ; en tout cas la présence
de l'oxyde suffit pour rendre la matière cassante, si on ne réussit pas à l'enlever. Cette difficulté essentielle fut heureusement tournée par

l'emploi du manganèse métallique, lequel, combiné avec une proportion déterminée de fer et de carbone, est ajouté en dernier lieu au bain de fer fondu ; l'effet est presque instantané, le manganèse, si avide d'oxygène, s'empare de celui qui est dans le bain libre ou combiné, formant ainsi un protoxyde de manganèse ; mais cette base, une des plus actives, recherche aussitôt la silice des parois ou des scories, se liquéfie et surnage. Ainsi l'oxygène disparaît. Il faut ajouter, pour être bien sûr qu'il n'en reste plus, un excès de manganèse qui accompagne le métal fondu et ne deviendrait nuisible que si la quantité en était trop forte : c'est sans doute pour cela que les praticiens ont observé qu'on ne pouvait obtenir de l'acier doux non cassant, qu'*à la condition qu'il fût allié à une faible proportion de manganèse*, laquelle garantit, en effet, que tout l'oxygène a bien été enlevé.

Quant au carbone qui accompagnait le manganèse, son rôle n'est pas moins important, car c'est lui qui vient rendre au métal cette proportion de carbone qui, nous le savons, est nécessaire pour la formation des diverses qualités d'acier.

Suivant les cas, on emploie des combinaisons de fer, manganèse et carbone dans des proportions variables : l'alliage le plus économique est obtenu

dans le haut fourneau avec des minerais mangané-
sifères, c'est le « spiegeleisen » que nous avons
signalé ; mais, par cette méthode, on ne peut dépasser une teneur en manganèse de 12 à 18 p. 100,
sans s'exposer à ronger et détruire rapidement les
parois du fourneau, tout en marchant sous une
allure dangereuse ; on emploie donc alors le creuset ou le four à réverbère, qui ne présentent pas
les mêmes inconvénients et permettent d'obtenir
des alliages renfermant jusqu'à 75 p. 100 de
manganèse.

Ces alliages riches sont nécessaires quand on
veut obtenir des *fers très-peu carburés*, car ne contenant pas plus de carbone que les fontes spiegel,
leur teneur relative en manganèse est bien plus
élevée, c'est-à-dire que pour un poids requis de
manganèse qu'on ajoute, on n'additionne que la
proportion très-faible de carbone au delà de laquelle
on aurait un métal trop dur.

Cette introduction du manganèse en sidérurgie,
si féconde par ses résultats, est due à Heath (1839),
qui, grâce à cette substance, était parvenu à utiliser pour la fabrication de l'acier au creuset une
certaine *proportion* de fer puddlé anglais, concurremment avec l'*indispensable* fer suédois. Quant à
l'emploi actuel du manganèse, il fut imaginé par
Mushet à l'occasion du procédé Bessemer.

En face des heureux résultats obtenus grâce à l'emploi du manganèse, on a pensé, dans ces derniers temps, à l'utiliser pour la fabrication des fers fondus même au moyen d'éléments phosphoreux qu'on rejetait jusqu'ici ; nous avons vu, en effet, qu'un fer peut supporter une forte dose de phosphore et que non-seulement il n'en devient pas plus cassant, mais qu'il acquiert au contraire la dureté qui est la grande vertu qu'on recherche et que donne le carbone. Partant de là, on s'est dit : enlevons aux fontes phosphoreuses tout leur carbone, au moyen d'une oxydation poussée à outrance, enlevons ensuite l'excès d'oxygène par un ferro-carbure de manganèse, il nous restera un fer fondu au phosphore, ayant la dureté et la résistance voulue pour faire de bons rails ; en effet, les rails en fer phosphoreux sont ceux qui résistent le plus longtemps à cause de leur dureté, et si on pouvait les fondre tels quels, pour faire disparaître les scories et défauts de soudure, le problème serait résolu. Cette argumentation était spécieuse, elle n'oubliait qu'un point, capital pourtant, c'est que le fer phosphoreux, pour garder ses vertus, n'accepte pas d'être en présence même d'une faible proportion de carbone, auquel cas il devient cassant ; or, jusqu'ici, tous les manganèses qu'on a préparés renferment 4 à 5 p. 100 de carbone, qui entrent dans le bain avec le manganèse et y apportent le trouble en présence du phosphore.

La question se résoudrait donc seulement par l'emploi du manganèse *exempt* de carbone, ce qui est difficile à cause du mode même de préparation de cette matière.

Néanmoins la question est trop intéressante pour être perdue de vue, et nous avons pensé à employer ici le chlorure de silicium, dont nous avons déjà parlé ; le silicium enlèverait l'oxygène, en formant de la silice qui s'allierait aux laitiers, pendant que le chlore partirait à l'état de chlorures volatils.

Le sodium, qui ne coûte plus que 10 francs le kilogramme, réussirait à enlever l'oxygène, mais l'excès qui pourrait rester dans les aciers les rendraient cassants.

Il est à souhaiter que les inventeurs dirigent leurs recherches dans cette voie. Il n'est pas de petites découvertes en sidérurgie. On s'adresse à de si fortes productions que le moindre avantage reconnu peut se traduire par des applications considérables, et celui qui pourra résoudre la question de l'élimination complète, soit du *phosphore*, soit du *carbone*, les deux étant d'abord en présence dans les fontes, retirera de sa découverte la gloire et la fortune.

FABRICATION DE L'ACIER SUR SOLE. — CHAUFFAGE C.-W. SIEMENS. —
ACIER MARTIN-SIEMENS, PERNOT, PONSARD.

La méthode Bessemer exige des dépenses d'installations énormes, et des productions d'autant plus élevées, que l'on veut diminuer davantage les frais généraux ; ainsi, pour une opération qui se fait en vingt minutes, on a une installation qui a coûté plusieurs centaines de mille francs ; aussi, a-t-on intérêt à la répéter le plus souvent possible, en installant de nombreuses cornues. On arrive alors à des productions gigigantesques. Un tel procédé n'eût pas été pratique avant les immenses besoins des chemins de fer, d'autant plus qu'il n'emploie, comme matière première, que de la fonte et non pas les fers et aciers hors d'usage, les *riblons*, dont les quantités disponibles, chaque année, sont naturellement en rapport avec les matières en service. Ces désavantages furent très-heureusement supprimés par la fabrication des aciers sur la sole des fours à réverbère, dont nous allons parler.

Nous avons vu que l'acier *puddlé* se fabrique bien sur la sole d'un four à réverbère, mais que la matière n'y subit pas la *fusion* complète : on l'amène simplement à un état pâteux où les atomes d'acier sont toujours souillés plus ou moins par la présence des scories, dont la fusion en creuset ou le battage les débarrassent ensuite. Il s'agissait d'opérer directement sur la même sole la liquéfaction complète de l'acier, de manière à l'obtenir vite et en grande masse. Heath proposa ce moyen en 1845; de plus, cet inventeur voulait substituer au brassage à la main, la simple réaction du fer sur la fonte liquide, suivant, en cela, la méthode proposée par Réaumur, en 1722; enfin, Heath parlait d'opérer le chauffage par la chaleur de combustion des gaz; c'était exactement, comme nous le verrons, ce qu'on a réalisé aujourd'hui.

Plus tard, en France, M. Sudre, assisté de MM. H. Sainte-Claire Deville, Treuille de Beaulieu et Caron, fit des tentatives analogues, qui n'aboutirent point. Il est singulier que le rapport adressé, par la commission, à l'empereur Napoléon III, qui payait les frais, explique la non-réussite, par les seules difficultés qui furent, depuis, les plus aisées à tourner : ces savants pensaient, grâce à l'emploi d'un foyer à vent soufflé, avoir réussi à obtenir la température voulue, c'est là qu'était encore à cette époque la seule pierre d'achoppement, puisque, du jour où l'énergique — et jusqu'ici sans rival — système de chauffage de M. C. W. Siemens, fut appliqué à cette opération, on put obtenir couramment les fers fondus sur sole et en grande quantité. Le procédé de chauffage de Siemens mériterait ici, par son importance, une longue description car c'est un levier puissant et économique que toutes les industries se sont empressées d'utiliser. Il consiste en principe à transformer les combustibles en gaz oxyde de carbone, à échauffer ce gaz, ainsi que l'air appelé à le brûler, à une haute température, et à opérer alors la combustion; enfin, cet échauffement du gaz et de l'air se fait très-économiquement aux dépens de la chaleur considérable que gardent encore les gaz brûlés au moment où ils sortent du four pour aller dans la cheminée.

C'est à MM. Frédéric et C. W. Siemens, qu'on doit d'avoir fait pénétrer dans les industries ce nouveau mode de chauffage, mais il est à remarquer que, pris isolément, chacun des moyens qui concourent au but, n'est pas absolument nouveau; ainsi la transformation des combustibles solides en combustibles gazeux, se faisait depuis longtemps, au moyen des fours même qu'on emploie encore aujourd'hui; mais les gaz ainsi obtenus avaient une température de combustion trop faible pour être utilement employés; M. Siemens eut l'idée d'échauffer à l'avance ces gaz, et augmenta ainsi leur température de combustion, au point qu'elle dépassa celle de nos meilleurs foyers; mais, pour

15

y arriver, il employa des appareils tout à fait analogues à ceux que le Suédois Ericson, dans sa célèbre machine à air chaud, avait imaginé pour
condenser la chaleur de l'air, de manière à pouvoir
la reprendre ; Ericson retenait la chaleur du gaz
en lui faisant échauffer une série de plaques mé-
talliques ; Siemens fait absorber cette chaleur par
des briques, ce qui est mieux.

Voici, d'ailleurs, les organes de cet important
appareil que notre dessin fera aisément comprendre.

Le *gazogène*, autrement dit la chambre où le
combustible solide se change en gaz, est une maçonnerie de briques réfractaires ; le combustible est
chargé à la partie supérieure et forme une couche
épaisse sur la grille. L'air entre au moyen du tirage
naturel par la grille inférieure, il forme d'abord de
l'acide carbonique, lequel, obligé de traverser toute
l'épaisseur du charbon, se dédouble à son contact
en gaz oxyde de carbone combustible, qui s'échappe
par la conduite qu'on voit à gauche de la figure,
pour aller, de là, aux points où il doit brûler et
constituer un foyer.

Remarquons que ces gaz diffèrent essentiellement de ceux, dit d'éclairage, qui *laissent la majorité de leur carbone à l'état de coke* et ne renferment que des carbures d'hydrogène ; ici, le gaz

emporte 25 p. 100 d'oxyde de carbone, 10 p. 100
d'hydrogène et carbures, 3 p. 100 d'acide carbonique, le reste est de l'azote. Dans ce système on
tire assez bien parti des combustibles, car la chaleur que dégage le carbone en donnant de l'oxyde

Générateur à gaz de Siemens.

de carbone, ne dépasse pas les $\frac{3}{10}$ de celle que donnerait le carbone s'il fournissait directement de l'a-
cide carbonique. Cette chaleur n'est, d'ailleurs pas
perdue, elle s'utilise, au moins en partie, pour l'é-
chauffement du foyer-même, pour la distillation des
hydrocarbures de la houille, et enfin pour le tirage.

C'est, peut-être, à cause de ces dernières observations, que les houilles *gazeuses* sont relativement d'un usage bien plus économique que les autres dans les appareils Siemens, car elles emploient à la distillation des *gaz*, cette chaleur qui se dégage au moment où le carbone devient oxyde de carbone.

Le gaz combustible s'échappe encore, il est vrai, à une température de 600°; on le refroidit dans une longue conduite, au bout de laquelle *sa densité ayant augmenté avec la diminution de sa température*, il peut retomber par un tube vertical dans les foyers qu'il doit alimenter, et, de la sorte, y arriver avec une certaine hauteur de chute qui produit la pression voulue pour sa pénétration régulière et facile dans les fours. Ce point si simple est essentiel, il évite l'emploi des ventilateurs et donne un meilleur fonctionnement.

Le gaz ainsi formé, à cause de la haute proportion d'azote qu'il contient, brûlerait sans fournir la température nécessaire, il faut donc le réchauffer d'abord, et voici comme s'y prend M. Siemens, quel que soit le but à remplir. Prenons le cas d'un four à puddler que nous représentons en coupe verticale, en élévation et en plan : C, E, C', E' (fig. 1) sont les *régénérateurs*, c'est-à-dire une quadruple série de briques laissant entre elles de nombreux espaces, et destinées à condenser successivement dans leur masse la chaleur que les gaz brûlés contiennent encore, ou bien, inversement, à rendre cette chaleur aux deux courants d'air et de gaz non encore brûlés, avant qu'ils ne se réunissent pour entrer en combustion sur la sole du four qu'il faut chauffer.

Fig. 1. — Four du sys'ème Siemens.

Au commencement d'une opération, le gaz combustible arrive par la valve de *règlement* B (fig. 2) et la valve de *renversement* B' dans le conduit M, qui le mène au bas du *régénérateur* C. De son côté l'air entre par une valve de renversement placée derrière la valve B' et passe par le conduit N dans

le régénérateur E. Les courants de gaz et d'air,
tous deux froids, s'élèvent séparément dans les
régénérateurs C et E et passent à travers les carneaux GG et FF (fig. 3), chacun respectivement dans
le four lui-même où ils se rencontrent et où on les

Fig. 2. — Four à puddler.

enflamme. Les gaz résultant de cette première combustion, passent, à l'autre extrémité du four, par
une série de carneaux semblables aux premiers,
dans les *régénérateurs* C' E', puis par les conduits
M' N' et les valves de renversement à gaz et à air,
dans la cheminée O. Les *régénérateurs* C'. E',

s'échauffent par le passage de ces gaz *dont la cha-leur serait autrement perdue* ; au bout d'une heure environ, on renverse au moyen des leviers P, les valves de renversement B′, et l'on fait entrer le gaz et l'air dans les régénérateurs E′ C′ qui viennent d'être chauffés, comme nous l'avons vu, par ces gaz perdus. Le gaz et l'air arrivent donc déjà chauffés, et leur température de combustion est augmentée aussitôt de 270° environ ; les produits de

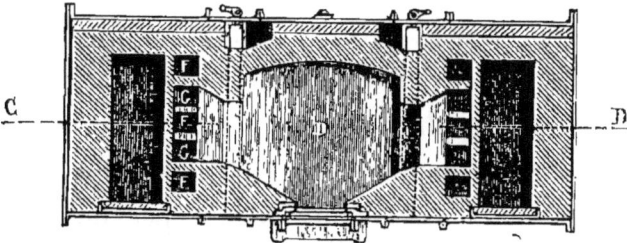

Fig. 5. — Four du système Siemens.

la combustion, plus chauds eux-mêmes, échauffent alors davantage les régénérateurs C et E, et quand, au bout d'une heure, on renverse encore, par le moyen des valves le mouvement des gaz et de l'air, ceux-ci brûlent sur le four avec une tem-pérature encore plus élevée que précédemment. En continuant ainsi ce mouvement successif des valves, on ne tarde pas à porter dans le four la tem-pérature de combustion au degré requis pour le travail qu'on se propose ; à ce moment, on modère

la chaleur, en étranglant l'arrivée des gaz par les
valves B que l'on manœuvre au moyen des leviers Q. R. S.

Mais, on peut se demander, si, en poursuivant,
à pleine admission d'air et de gaz, les renverse-
ments successifs que nous venons de décrire, on
n'augmenterait pas *indéfiniment la température
de combustion sur la sole?* C'est, en effet, ce qui a
lieu ; et si l'on n'était arrêté par le danger de faire
entrer en fusion la matière du four, et par la *dissociation*, c'est-à-dire la température limite à
laquelle la combustion cesse d'avoir lieu sous la
pression atmosphérique, la température irait sans
cesse en augmentant. Si nous ajoutons que ce
système de chauffage ne dégage pas de fumées,
n'entraine pas de cendres sur les objets à chauffer,
enfin qu'il est plus économique et plus régulier
que tout autre, on s'étonnera qu'il ne soit pas
encore plus généralisé.

Le four à puddler, que montrent les figures, diffère seulement par quelques détails de celui que
nous avons donné précédemment; le travail s'y
fait comme d'habitude.

On conçoit que grâce à ce système de chauffage,
qui met les températures les plus élevées et les
moins habituelles à la discrétion, à la disposition
du métallurgiste, il soit devenu facile de réaliser

couramment des problèmes insolubles auparavant, ou bien de répéter en grand des expériences qui étaient restées jusqu'alors enfermées dans le laboratoire : par exemple, la chimie disait hier encore que le fer pur ne fondait qu'avec la plus grande peine; aujourd'hui, ce n'est plus qu'un jeu, une opération courante de la métallurgie, de fondre le fer même en grandes masses.

Frédéric et C.-W. Siemens ne se doutèrent peut-être point tout d'abord de l'immense portée de leur invention ; elle ne sortit pas d'ailleurs tout armée de leur cerveau, ainsi que cela eut lieu pour Bessemer, et l'on pourrait presque dire que C.-W. Siemens, qui perfectionna la méthode, y fut presque entraîné par les circonstances elles-mêmes. Tout d'abord les inventeurs n'avaient que la prétention de faire une économie de charbon, soit pour la fusion de l'acier au creuset, soit pour le réchauffage du fer, soit enfin pour le puddlage ; mais des spécialistes en sidérurgie, Atwood, en Angleterre (1862), Émile et Pierre Martin, Le Châtelier, en France, virent dans ce système de chauffage le moyen de maîtriser le fer, de manipuler aisément cette substance qui devient si docile aux grandes températures. Le Châtelier (1863) procédait par l'addition dans un bain de fonte des *masses* de fer natif qui sortaient directement du four à puddler. C'était la méthode de fabrication d'acier signalée, dès 1722, par Réaumur, et qui consiste à fondre simultanément de la fonte et du fer. Le Châtelier ne réussit point dans ses essais, non pas que le principe fût mauvais, mais, n'ayant pas une usine à lui, il était à la merci d'un maître de forge qui ne lui laissa peut-être pas le temps de faire aboutir ses expériences.

Tel n'était pas le cas d'Émile et Pierre Martin, ils avaient une forge (Sireuil), et ils avaient de l'argent et du temps. Bien qu'ils fussent armés des gaz tout puissants de Siemens, ils travaillèrent pendant plusieurs années pour établir une méthode pratique de fabrication, et, d'après leurs dires, leurs essais eurent lieu sur plus d'un million de kilogrammes de fer.

Le four employé par MM. Martin diffère peu de celui que nous avons figuré ; la grande question était de régulariser l'action de la fonte sur le fer, les proportions et la nature de ces matières, enfin de bien se servir de l'action des flammes qui peuvent être neutres, oxydantes ou réductrices.

MM. E. et P. Martin arrivèrent enfin complétement à réaliser le problème ; ils purent, à volonté, fournir depuis le fer fondu jusqu'à l'acier le plus carburé, et si l'on a perfectionné des détails, si l'on a progressé dans les connaissances chimiques des fers, et par suite, des moyens de les traiter, il n'est point douteux que MM. Martin, aidés du régénérateur Siemens, rendirent facilement pratique une réaction connue, mais vainement tentée en grand jusqu'alors.

L'opération qui nous occupe consiste donc à prendre un four analogue à celui de Siemens, que nous venons de décrire et figurer, à l'amener à la température de 1,800°, à y charger 1,000 kilogrammes d'une fonte déjà chauffée au blanc ; celle-ci est bientôt complétement fondue. On ajoute alors, — par fragments de 2 kilogrammes, chauffés au blanc, — 200 kilogrammes de fer. — Vingt minutes suffisent à la fonte pour absorber cette charge. On en additionne alors une seconde semblable, et ainsi de suite jusqu'à dix. Vers ce moment, l'ouvrier commence à s'assurer de l'état du métal de son bain ; pour cela, il en extrait une petite quantité dans une cuiller, il a ainsi un petit lingot qu'on martelle, séance tenante, que l'on plie, que l'on casse, trempe, que l'on soumet, en un mot, à cette série d'expériences qui, pour les praticiens, sont à peu près décisives sur la qualité d'un fer. Si le métal convient, on coule de suite ; si, au contraire, il contient encore trop de carbone, on poursuit l'opération en prenant de temps en temps une nouvelle éprouvette indicatrice. Mais s'il arrive que l'on ait dépassé le but, c'est-à-dire enlevé trop de carbone, on ajoute encore un peu de fonte très-graphiteuse qui enrichit de nouveau le bain en carbone.

En un mot, et suivant l'expression de l'usine, *on fait sa soupe à sa guise*.

De même que dans le Bessemer, pour obtenir du métal très-doux, et pour les mêmes causes, on est obligé de se servir des propriétés à la fois réductrices et carburantes des fers manganésés que l'on ajoute un peu avant la coulée.

Les matières premières exigées par le système Martin doivent être pures, mais relativement moins que pour le Bessemer, attendu que l'opération, qui a lieu sur 4 à 5,000 kilos, dure ici de dix à douze heures, et que, pendant ce long affinage, les substances étrangères ont mieux le temps de s'écouler avec les scories; l'on est aussi plus sûr du résultat, tout le temps voulu étant laissé aux hommes pour tâter la matière, la corriger dans un sens ou dans l'autre, l'amener enfin au point exact où on la désire. Une heure dans ce système c'est deux minutes dans celui de Bessemer; faire du Bessemer, c'est tirer une hirondelle au vol; faire du Martin, c'est la tirer au repos.

On comprend que la réussite pratique du chauffage Siemens et de la fabrication de l'acier Martin

étant acquise, les additions, les perfectionnements
ou les changements ne se sont pas faits attendre ;
ils sont même très-nombreux, et nous ne saurions les décrire tous. Celui qui nous paraît actuellement constituer l'addition la plus heureuse, est
précisément le four Pernot, dont nous avons parlé
à propos du puddlage ; il a le mérite d'activer
par un mouvement mécanique les réactions oxydantes qui, dans le système Martin, acheminent
l'opération peu à peu vers le résultat final ; cette
sole, en plan incliné, qui tourne sans cesse et
supporte le bain, le brasse constamment, renou-
velle et les surfaces et le contact des molécules,
de façon que ce qui se passe par les seules attrac-
tions chimiques dans le four Martin, est ici ac-
tivé par la puissance mécanique ; c'est là une
importante addition, car les réactions qui ne sont
point facilitées par un brassage sont bien plus
lentes à se produire. En un mot, le système Pernot
est une moyenne entre le *Bessemer* et le *Martin ;*
il n'a pas l'impétueuse rapidité du premier avec
ses désavantages, ni la lenteur du second.

En présence même de cette récente invention qui
peut produire de grandes quantités à peu de frais,
on se demande si les grandes usines n'en vont pas
souffrir, car, il devient possible, aujourd'hui, avec
une dépense, relativement faible, de s'installer pour

une production considérable d'un métal de bonne qualité.. Au moyen d'un four Pernot, on peut, en effet, traiter 10,000 kilogrammes de métal en *cinq heures*, tandis que, dans les fours Martin-Siemens, il faut le double de temps pour traiter une quantité de moitié plus petite; enfin l'on n'a pas besoin ici' de réchauffer les fers avant de les ajouter au bain, ce qui est une économie de plus ; on peut même se dispenser d'ajouter du fer et traiter directement la fonte pour fer fondu.

Parmi les exemples greffés sur les procédés de Siemens et de Martin, un des plus remarquables est celui de M. Ponsard. Cet inventeur place ses gazogènes près du foyer, et brûle ses gaz sans les réchauffer, il utilise ainsi la chaleur que possèdent les gaz au moment où ils sortent de leurs générateurs, il brûle et utilise aussi les goudrons et carbures qu'ils emportent avec eux. — L'air seul, qui vient alimenter la combustion, est chauffé ; pour cela, on lui fait traverser, avant qu'il arrive sur la grille, l'intérieur d'une nombreuse série de briques creuses dont les surfaces extérieures plongent dans le courant chaud des produits de la combustion qui sortent du four et se rendent dans la cheminée.

Ce système est simple et donne des résultats économiques ; nous ne le conseillerions peut-être pas pour faire de l'acier qui exige la température maxima, mais il doit bien convenir pour les autres usages ; il est d'ailleurs assez employé aujourd'hui.

SYSTÈMES CHIMIQUES.

Nous signalerons encore les recherches qui ont été faites pour arriver à faire de l'acier avec des fontes qui se sont refusées jusqu'ici à en fournir : ces procédés, que l'on peut appeler *chimiques*, consistent à employer des réactifs capables d'effectuer le départ du phosphore, de l'arsenic, du soufre, etc., des fontes. Le système *Heaton*, qui employait le nitre pour atteindre ce but, est un de ceux qui ont le plus franchement réussi : d'après les études de M. Grüner, les scories emportaient avec elles la plus grande partie du phosphore ; c'était un résultat des plus remarquables, quand on songe à l'impuissance des autres méthodes d'aciération pour enlever le phosphore ; il ne manquait donc plus qu'un point à l'emploi en grand de l'oxygène du nitre pour la transformation des fontes phosphoreuses en acier, c'est que le nitre est non-seulement cher, mais que sa production est limitée aux exploitations, relativement peu importantes, qu'on en fait et peut faire dans l'Amérique du Sud.

On a essayé encore l'emploi de l'oxygène pur, de l'hydrogène, des carbures d'hydrogène, les chlorures d'ammonium, l'hydrogène, etc., mais sans résultat pratique jusqu'ici.

Pourtant tout semble indiquer que c'est dans la voie des réactifs chimiques qu'il faut chercher maintenant le moyen d'éliminer ces substances nuisibles qui résistent aux méthodes métallurgiques usuelles : celles-ci ont fait preuve d'impuissance, il ne faut donc pas s'obstiner à leur demander un travail au-dessus de leurs forces. Que les chimistes se mettent donc à l'œuvre, et surtout que les usines veuillent bien leur ouvrir les portes, afin qu'ils puissent expérimenter *in animâ vili*.

III

DES MOYENS MÉCANIQUES DU TRAVAIL DU FER

Notre étude de la question des fers, quelque effort que nous ayons fait pour la condenser et la réduire, nous laisse peu de place pour la partie mécanique du travail des fers, qui est si importante. Ce n'était point assez que d'arriver à produire des masses de fer de plus en plus imposantes, il fallait encore augmenter ces muscles auxiliaires qu'on appelle marteaux, laminoirs, squeezers, tenailles, machines soufflantes, et c'est ce qu'on a fait, car il est rare qu'une science résiste, se fasse prier pour venir en aide à une autre qui la sollicite.

Nous avons dit que l'air est un élément indispensable de la sidérurgie ; mais nous sommes loin aujourd'hui de la *trompe* et autres souffleries primitives ! La machine dont nous donnons la vue,

16

construite dans les ateliers Revollier-Biétrix, de Saint-Étienne, est une des plus puissantes qui se fasse : le poids total des pièces qui la composent est de 150,000 kilogrammes; le diamètre du cylindre à vapeur est de 1ᵐ,200, et la force de la vapeur qui agit sur son piston correspond à un poids de 55,000 kilogrammes. Quant au piston du cylindre soufflant, qui est actionné par l'intermédiaire du balancier, il a un diamètre de 2ᵐ,370. Les courses sont de 3 mètres. Ces engins sont de véritables monuments; construits avec la plus grande solidité, leur marche est pour ainsi dire indéfinie, et la force prodigieuse qu'ils développent sans cesse pour lancer plusieurs centaines de mètres cubes d'air comprimé par minute ne semble jamais les lasser.

Les machines soufflantes pour Bessemer diffèrent de celles que nous venons de montrer seulement en ce que la pression de l'air devant être de 140 centimètres de mercure au lieu de 25, le cylindre à vent est relativement plus petit.

Le moteur de ces souffleries peut atteindre la puissance de 600 à 700 chevaux.

Au sortir de ces vastes laboratoires où les fers s'élaborent, il faut les reprendre et leur donner par la pression les formes qu'on désire. Le marteau et l'enclume, le *martinet* mû par l'eau, que nous

Machine soufflante à balancier type Revollier-Biétrix.

avons figuré, furent remplacés par des appareils
dont la masse énorme correspondait aux nouveaux
besoins. Tout d'abord, on arriva au marteau frontal, que nous figurons ; une roue, qui porte des
cames ou saillies, relève le marteau pour le laisser
librement retomber sur l'enclume d'une certaine
hauteur. Les coups sont d'autant plus répétés que
la roue tourne plus vite, sous la commande d'un

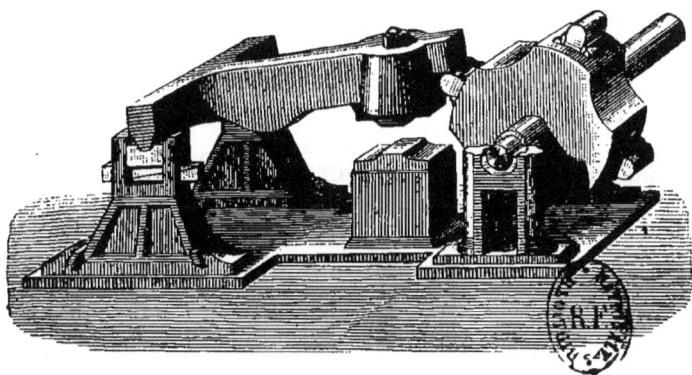

Marteau frontal.

moteur hydraulique ou à vapeur. Le poids du marteau variait suivant les cas et pouvait atteindre
1,000 kilogrammes. Un défaut capital de ce système, c'est que l'on frappe toujours le même coup,
ce qui n'a pas lieu avec le marteau dit marteau-
pilon, que commande directement la vapeur.
L'invention de cet indispensable engin est due
au Français Bourdon ; les Anglais l'attribuent à

Nasmith, qui arriva un peu plus tard, si l'on s'en
fie aux brevets qui furent pris à peu près en même
temps par les deux inventeurs en 1842.

Nous montrons un marteau-pilon dont la masse
en mouvement est de 6,000 kilogrammes environ;
ce bloc de fonte s'élève ou retombe en glissant
dans deux rainures que portent deux énormes montants de fonte qui sont maintenus solidement sur
le sol et qui supportent encore à la partie supérieure
le cylindre à vapeur. Dans ce cylindre se meut un
piston dont la tige est liée au marteau et le commande.

La vapeur de la chaudière n'arrive sous le piston
pour le soulever, qu'autant qu'une plaque ou tiroir
dégage l'orifice qui conduit sous le piston : c'est
ce que le mécanicien exécute au moyen d'un levier.
Pour faire retomber le piston et le marteau frap-
peur, il suffit de ramener le tiroir dans sa position
primitive, où le dessous du piston communique
avec l'atmosphère par un canal d'échappement
disposé à cet effet.

L'enclume est un bloc de fonte qui est solidement fixé sur la *chabotte*, une énorme masse de
fonte qui, dans le cas présent, atteint le poids
de 20,000 kilogrammes environ. On comprend
qu'il soit nécessaire que la chabotte ait un poids
considérable; elle doit, en effet, subir le *contre-*

Marteau-pilon.

coup de chaque chute du marteau, sans en être influencée, sinon l'effet du choc se répartirait entre la chabotte et la pièce à forger. Pour que l'engin fût parfait, il faudrait que la chabotte eût un poids suffisant pour rester absolument immobile sous chaque coup frappé dans sa chute par le marteau.

Les jambages du marteau, qui sont disposés de façon à guider la masse mouvante, à supporter le cylindre à vapeur et accessoires, doivent encore permettre une manœuvre facile des ouvriers et de leurs pièces sous le marteau.

Telle est la disposition générale des marteaux-pilons; ils ne diffèrent entre eux que par leurs dimensions qui, depuis quelques années, atteignent des proportions si colossales que, près de ces géants, l'homme disparaît; mais il reste l'esprit qui les anime et les conduit. L'Allemand Krupp marcha le premier dans cette direction, et c'est grâce à un marteau dont la masse mouvante pesait 50,000 kilogrammes (le poids de 700 hommes) qu'il put nous adresser, comme un avertissement éloquent, ce gros canon que l'on a pu voir à l'Exposition de 1867.

Depuis, d'autres ont imité, sinon surpassé son œuvre; la Russie nous montrait à l'Exposition de Vienne les dessins d'un marteau de son usine de Perm : la masse mouvante pesait 50,000 kilogrammes, la chabotte 655,000 kilogrammes ; avec

Ouvrier du marteau-pilon.

les montants, le cylindre et les accessoires, le
poids total arrivait à 1,000,000 de kilogrammes

Le martelage des grosses pièces de fer.

environ. Un canon du poids de 40,000 kilogrammes, plus lourd de 10,000 kilogrammes que celui
de Krupp en 1867, accompagnait ce gigantesque
outil, comme un formidable spécimen de ce qu'on
en attendait.

Les Anglais ne veulent pas non plus rester en
retard, ils montent en ce moment dans leur arsenal
de Woolwich un marteau dont le poids total n'est
qu'un peu inférieur à celui de Perm. Son but
est le même. Un seul de ces gigantesques outils
coûte des millions, mais ce qui est plus surprenant
peut-être, c'est leur docilité; un mécanicien exercé
peut lancer le marteau sur un œuf placé à la surface de l'enclume et le toucher si légèrement que
la coquille ne sera point brisée.

On comprend que l'homme ne puisse sans être
suffisamment armé, s'approcher de ces monstrueu-
ses masses mouvantes, dont chaque pulsation
ébranle au loin le sol et couvrirait aisément la
voix de l'artillerie elle-même. On voit ici, dessinés
d'après nature, quelques-uns de ces titans modernes qui vivent à côté des puissants appareils que
nous venons de signaler : c'est d'abord celui qui
est chargé de manier sur l'enclume, entre deux
chocs du marteau-pilon, le bloc de fer pâteux encore mélangé de laitier fluide et qui sort au *blanc
éblouissant* du four à puddler; il s'appuie sur l'é-

norme tenaille avec laquelle il manœuvre la masse incandescente ; il a relevé le masque qui le protége contre les mille étincelles brûlantes qui jaillissent à chaque choc, et ses jambes sont protégées par des guêtres.

Celui-ci manœuvre seul son bloc de fer, mais la figure suivante nous montre la scène animée que présente le martelage des grosses pièces, de celles dont le poids peut, avons-nous dit, atteindre 80,000 kilogrammes : c'est le moment où le bloc de fer sort éblouissant de chaleur du four à réchauffer, et, sur le four même, on aperçoit au milieu des flammes et de la fumée, l'ouvrier qui referme la porte.

La pièce de fer, déjà martelée une première fois à l'une de ses extrémités, est solidement maintenue à l'autre — qui sera martelée ensuite — dans une sorte de manchon suspendu par une chaîne à une *grue* pivotante ; ce manchon se prolonge lui-même par une longue barre armée de bras ou cabestans, auxquels se cramponnent une grappe d'ouvriers qui joignent à ce moment leurs efforts pour amener la partie chaude du bloc sous le marteau-pilon ; pour cela, il faudra que la grue pivotte sur son axe, se rapprochant du pilon, en même temps que la grande poulie où s'enroule la chaîne qui supporte la pièce à marteler exécutera aussi un mouvement autour de son pivot. Au dernier plan, au pied de la grue, des ouvriers se tiennent au levier qui leur permet de monter ou descendre à volonté la masse de fer; sur la plate-forme du pilon, le mécanicien tient à la main le levier de commande; il a déjà soulevé le marteau, et d'un geste presque imperceptible il le fera tout à l'heure retomber sur le fer : l'âme de tout ce mouvement, le maître forgeron, s'appuie d'une main sur les montants du marteau, de l'autre il tient la *jauge* avec laquelle il peut reconnaître quand la pièce est arrivée à la dimension voulue : c'est ordinairement un homme à la voix de Stentor, capable de dominer le bruit étourdissant de la forge; au coup d'œil sûr, pour guider en avant, en arrière, tourner et retourner le bloc sous l'énorme marteau, de façon à arriver exactement aux dimensions voulues.

Le marteau-pilon est destiné soit à débarrasser le fer naissant de ses scories, soit à souder des fragments de fer pour les réunir en un bloc, soit enfin à façonner, allonger une masse de fer.

Lorsqu'il s'agit du fer naissant et que celui-ci acquiert un poids de 400 à 500 kilogrammes, comme dans les fours à puddler de Danks, le pilon n'arrive plus à exprimer convenablement la scorie, on se sert alors de *squeezers* (comprimeurs) dont l'un, d'invention américaine, a une très-grande puissance et consiste en trois cylindres horizontaux cannelés, qui tournent autour de leurs axes ; l'un d'eux est

Le chef d'équipe d'un marteau-pilon.

excentré, il peut, par suite, se rapprocher ou s'éloigner des deux autres alternativement ; lorsqu'il se rapproche, il serre vigoureusement la boule de fer, presque aussi molle que de la neige, contre les deux autres cylindres qui la forcent encore à tourner sous cette puissante pression ; bien plus, un marteau lancé horizontalement par la vapeur entre les trois cylindres, vient a umême moment reserrer le fer pâteux qui, sur l'autre face, s'appuie contre une enclume fixe. De la sorte la scorie s'écoule à la manière de l'eau exprimée d'une éponge, laissant une masse de fer soudée et compacte, tandis qu'en se servant de l'ancien pilon, s'il devenait nécessaire de donner des coups trop violents, les fragments de fer étaient chassés au loin avec la scorie.

Pour forger définitivement le fer et lui donner une forme, on a encore employé avec succès la pression sans choc ; telle est la presse exécutée d'abord en Autriche dans les ateliers de la Staatsbahn, par l'ingénieur Hatzveld, et appliquée actuellement dans les ateliers de Dietrich en Alsace, où l'on exécute des pièces de forge délicates, telles que des crosses de piston de locomotive, boîtes à graisse, etc., sans que leur surface présente ni *criques*, ni *bavures* ; ou, pour mieux dire, elles ont l'aspect de pièces moulées. C'est que, en effet, d'après M. l'ingénieur Le Basteur, qui a suivi ce travail, sous la pression énorme à laquelle il est soumis, le fer, *diminuant de volume, se comporte*

17

comme la glace et se liquéfie, au moins à la surface ;
la chaleur qui lui est nécessaire pour opérer cette
liquéfaction lui est fournie par la transformation
en chaleur de l'énorme travail de la presse.

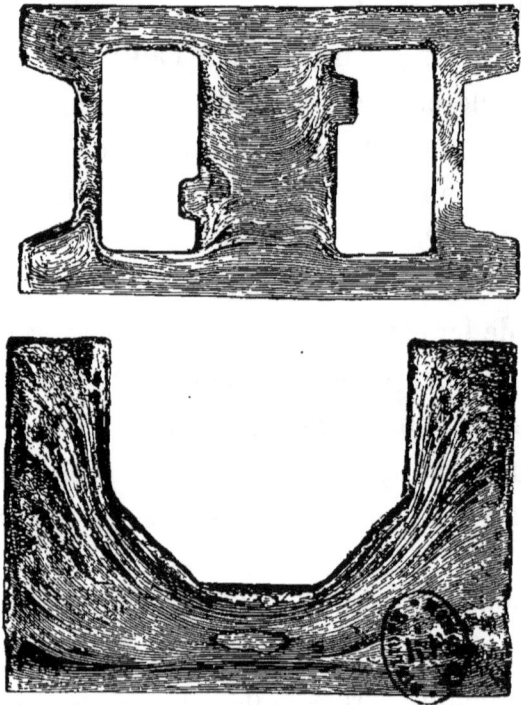

Section d'une boîte à graisse forgée à la Presse.

Une expérience singulière montre bien de quelle
façon le métal se comporte à l'intérieur, sous cette
énorme pression : on a scié une boîte à graisse,
obtenue par ce procédé, on a poli les surfaces de
la section, on les a attaquées à l'acide et on a eu

l'aspect que montre la figure ci-contre. On y voit
nettement comment se distribuent les fibres du
fer ; on dirait un liquide en mouvement, aux innombrables filets, qui a été subitement saisi par
la congélation.

Nous montrons aussi la presse dont on se sert
pour ce travail :

Au premier plan est un piston à vapeur de 1^{m}20
de diamètre, animé d'un mouvement de va et vient.
Deux pompes sont actionnées directement par la tige
du cylindre à vapeur qui sert de piston plongeur.

Des tuyaux conduisent l'eau des pompes dans
le cylindre moteur qu'on voit au second plan.

Le piston a sa tige qui se prolonge en dessous de
ce cylindre moteur à eau et qui peut recevoir les
matrices en fonte correspondant à la moitié supérieure des différentes formes à donner au fer ;
le socle inférieur porte l'autre moitié des em-
preintes désirées.

Après la pression, on laisse écouler l'eau qui
vient d'agir ; on relève en même temps l'appareil
en faisant arriver l'eau comprimée sur un petit piston disposé à cet effet, qui donne à tout
le système un mouvement ascensionnel le long des
quatre colonnes verticales qui servent de guides.

Il n'y a pas de réservoir de pression pour l'eau,
et deux ou trois évolutions du piston à vapeur suf-

fisent pour une action du porte-outil qui peut produire l'effet d'un poids de 1,500,000 kilogrammes sur une surface à peu près égale au tiers d'un mètre carré, ce qui équivaut à 460 atmosphères de pression.

On obtient ainsi, avons-nous dit, des objets qui ont l'aspect extérieur de la fonte moulée; de plus, les pièces qui sortent de la presse toutes percées semblent présenter plus de solidité que si le perçage s'était effectué, sous un pilon, à l'emporte-pièce, car, dans ce dernier cas, les fibres sont coupées, au lieu qu'à la presse, elles viennent simplement contourner l'évidement qu'on a voulu produire.

Nous arrivons au laminoir.

Cet appareil est trop connu pour que nous en donnions une longue description; chacun sait que c'est lui qui fait nos tôles, nos rails, nos blindages. Son but est d'étirer le fer en lui conservant la même section sur toute la longueur; dans chacun de ses éléments, le laminoir représente deux cylindres de fonte dure, qui tournent en sens inverse; on engage entre ces deux cylindres l'extrémité de la barre de fer amollie par la chaleur, elle est emportée dans le sens de la rotation et amincie; en la faisant passer successivement dans des espaces de plus en plus rapprochés on diminue de plus en plus ses dimensions pendant

Forgeage du fer à la presse hydraulique à l'usine de Reichshoffen.

qu'on l'amène insensiblement à avoir exactement
la section définitive qu'on désire; ainsi, pour faire
un rail, on part d'une masse de fer à section carrée, longue de quelques décimètres, on passe successivement la masse dans des entailles pratiquées
dans les deux cylindres lamineurs, et dont les
formes, les dimensions s'approchent de plus en
plus de celles du rail définitif. Nous figurons deux
cages de laminoir à *fer marchand*; l'une est desti-

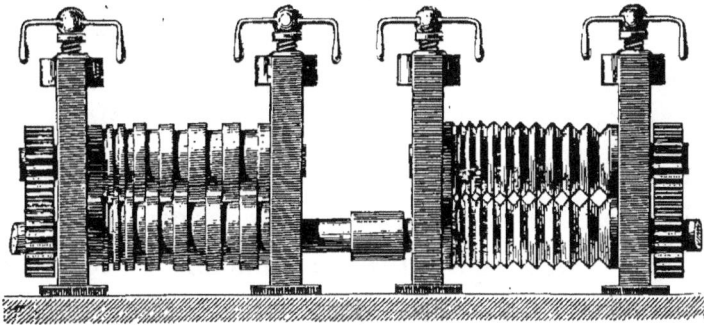

Éléments d'un train de laminoir.

née à fournir des fers carrés, l'autre des fers plats
ou rectangulaires, ainsi qu'on peut le voir par la
forme des espaces laissés libres pour le passage du
fer entre les cylindres.

Nous montrons encore un train de laminoirs à
rails en pleine action. On aperçoit au centre le
volant de la machine motrice des cylindres lamineurs; la vitesse et le poids de ce réservoir de

force sont ici d'autant plus grands que le travail exige une force plus irrégulière ; les hommes actionnent le bloc de fer dans le *laminoir dégrossisseur*, déjà on juge, par sa forme, qu'il a passé dans une ou deux cannelures et qu'il commence à s'effiler.

Sur un plan plus rapproché, c'est le rail dans les *cannelures finisseuses* ; il surgit hors de l'étreinte de fer des laminoirs comme un serpent de feu ; les hommes, armés de tenailles et de leviers, le guident et le ramènent entre les cannelures de sections de plus en plus réduites. Enfin, à la dernière *passe*, il a son *profil* définitif ; on l'entraîne alors rapidement sur une table de fonte bien horizontale, on le frappe à coups de gros marteaux de bois pour bien le dresser, puis on approche successivement ses extrémités d'une scie circulaire, à mouvement très-rapide, qui coupe de longueur ce rail définitif, faisant jaillir une gerbe d'étincelles de fer. Tout cela se fait si vite que, sorti du four à l'état de paquet informe, composé de pièces diverses de fer, on arrive, séance tenante et en quelques minutes, au rail prêt à entrer en service.

Nous avons parlé des dangers auxquels était exposé l'ouvrier du haut fourneau ; le forgeron n'est malheureusement pas mieux à l'abri ; il peut être pris dans les engrenages, entre les cylindres lami-

La fabrication des rails.

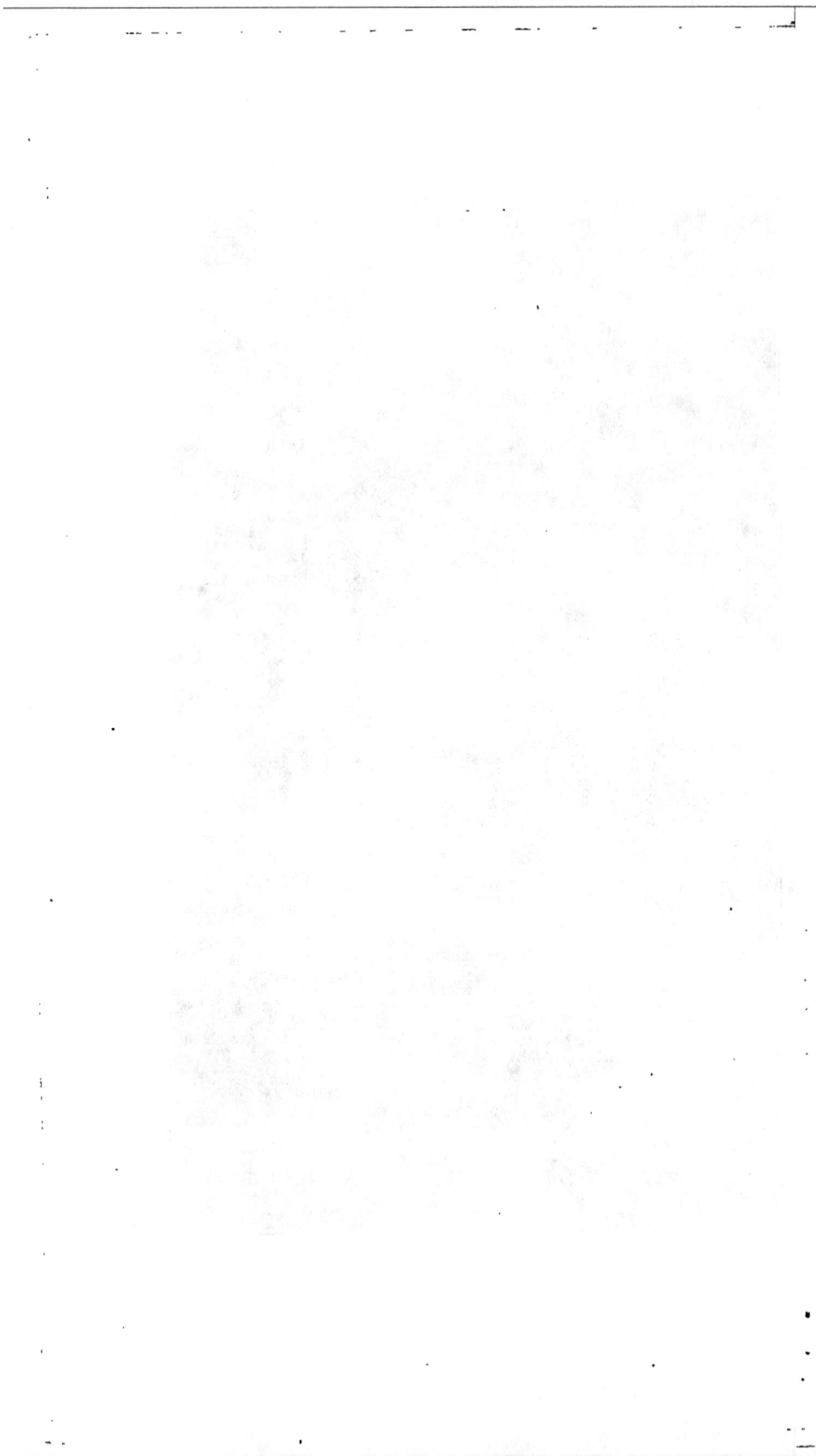

neurs même ; le volant, cette pièce de fonte dont le poids dépasse parfois 30,000 kilogrammes et qui peut tourner à raison de plusieurs centaines de tours par minutes, cette pièce, dis-je, éclate quelquefois, lançant au loin ses fragments qui portent dans toute l'usine le dégât et la mort.

Mais parmi les plus terribles accidents auxquels le forgeron soit soumis, il faut mettre en première ligne l'explosion des chaudières. On prend les plus grandes précautions pour fabriquer ces appareils où se produit et reste emprisonnée la vapeur qui anime nos machines. Les tôles de fer qui les composent subissent à l'avance des essais qui attestent leur bonne qualité; on a préalablement examiné avec le plus grand soin leur surface pour s'assurer qu'aucun défaut ne s'y trouve ; enfin les épaisseurs qu'on leur donne permettraient de résister à une pression bien plus élevée que celle qui devra normalement se produire.

Si nous rappelions maintenant tous les appareils de sûreté et de préservation qui accompagnent toutes les chaudières, on serait surpris qu'il pût jamais arriver un accident; pourtant — les faits ne nous le démontrent que trop souvent — la science, la prévision humaine peuvent encore ici être en défaut; il peut arriver telles combinaisons de faits, qui neutralisent les combinaisons des hommes.

Parmi ces trop nombreux accidents dus aux explosions de chaudières, je citerai un des plus récents et aussi un des plus terribles, celui qui arriva le 8 septembre 1874, à l'usine de Commentry.

D'une manière générale, dans les forges, les fours à puddler, à réchauffer le fer, etc., comportent des chaudières, disposées verticalement, et que chauffent les *flammes* avant d'aller se perdre dans l'atmosphère.

A Commentry, il y a environ vingt chaudières qui sont ainsi disposées; de plus, elles communiquent toutes entre elles, ce qui permet précisément d'éviter que la pression d'une des chaudières ne dépasse celle des autres, et ne puisse arriver accidentellement à une tension dangereuse. On va voir combien les causes d'explosions de chaudière peuvent être instantanées : celle qui a éclaté devait avoir un dégagement de vapeur, non-seulement dans les cylindres-moteurs des machines en marche, mais encore dans tout le volume des nombreuses conduites de la vapeur et celui qui se trouvait libre dans chacune des vingt chaudières en communication. Subitement, l'usine étant en marche, la chaudière d'un four de tôlerie éclate près de sa base, s'élance dans l'espace brisant comme des fils ses puissantes attaches, parcourt ainsi une distance de trente-cinq mètres, tombe

sur la toiture du train de laminage, passe au
travers, brise toutes les conduites aériennes de
la vapeur, s'arrête enfin sur l'arbre en mouvement
qui commande un train de laminage. Chacun était
à son poste de travail lorsque cet obus incompa-
rable, du poids de six à huit mille kilogrammes,
fit irruption dans la forge. Si tout se fût borné là,
quelques hommes seulement eussent été atteints
par les éclats, mais, la chaudière contenait encore
une quantité considérable de vapeur à laquelle vint
s'ajouter celle des vingt chaudières de l'établisse-
ment, qui s'élançait dans l'atelier par les conduites
aériennes brisées; en un instant tout l'espace était
rempli de vapeur à une température plus élevée
que *celle de l'eau bouillante!* Si l'on songe, en effet,
que les densités relatives de l'eau et de sa vapeur
font qu'un mètre cube d'eau fournit près de 2,000
mètres cubes de vapeur, que chacune des vingt
chaudières contenait plusieurs mètres cubes d'eau,
c'est-à-dire plusieurs fois 2,000 mètres cubes de vapeur, on comprendra que l'atelier ait été en quelques secondes rempli de la vapeur brûlante, qui
arrivait impétueuse, formant dans l'espace des jets
puissants, rapides et mortels pour tous ceux qu'ils
touchaient. Aveuglés, brûlés, éperdus, les malheureux ouvriers, s'élançaient au hasard, essayant de
fuir la mort, se heurtaient les uns aux autres, se je-

taient dans les machines en marche, et tombaient enfin... Pour comble de malheur, c'est vers la porte de sortie qu'était tombée la chaudière, dont les eaux couvraient le sol d'une nappe brûlante que durent traverser ceux qui réussirent à trouver l'issue au milieu de l'intense brouillard... Enfin, pour augmenter l'horreur du spectacle, les débris de la toiture qui étaient tombés sur les fours en pleine chauffe, s'enflammèrent. L'incendie vint éclairer de ses sinistres lueurs cette scène de désolation.

De toutes parts on accourt, on organise le sauvetage au milieu du concert sinistre des craquements de l'incendie, des plaintes des blessés, des gémissements et des cris de douleur des mères, des épouses, des parents.... On vit alors un de ces actes héroïques dignes d'être conservés dans la mémoire des hommes : J.-B. Merial, chef lamineur, était renversé sous les décombres, blessé, horriblement brûlé ; on le dégagea, on voulut l'emporter ; lui, dressant sa haute taille athlétique, refoulant la douleur par un acte d'énergie incroyable, dit : « Je m'en irai bien seul, assez d'autres moins forts ont besoin de vos soins..... Je vois mon fils là étendu, emportez-le, je pars, » repoussant ainsi les secours, il regagna son logis à pas lents, mais la tête haute. Deux jours après cette âme forte dans un corps si robuste n'était plus de ce monde ; ce vaillant soldat de la paix allait reposer dans un

Lamineurs.

humble cimetière de village à côté de son fils, mort

comme lui sur le champ de bataille de l'industrie.

Parmi une cinquantaine d'hommes qui se trou-
vèrent pris dans l'accident, 21 périrent : c'est que
les brûlures par la vapeur d'eau sont souvent mor-
telles ; plusieurs de ces jeunes et vigoureux lamineurs ou puddleurs, habitués à lutter chaque jour
contre le feu, se refusaient à croire qu'ils pussent
mourir des suites de ces atteintes de la vapeur;
peu y échappèrent.

On peut se demander comment une chaudière
du poids de huit mille kilogrammes environ, solidement scellée à un entablement robuste, a pu
se dégager de ses liens et parcourir en outre, dans
l'espace, la distance de trente-cinq mètres. Comme
la rupture des tôles eut lieu dans le bas de la chaudière verticale, il est probable que la vapeur qui
s'échappa aussitôt par cette issue, lança l'appareil,
par le même effet de réaction qui fait que les gaz
de la poudre en s'échappant du corps d'une fusée,
la lancent dans l'espace. Pour qu'une pareille
force vive ait été créée, il faut que la pression de
la vapeur fût alors bien élevée. Il serait même possible de calculer *approximativement* quelle devait
être cette pression, en tenant compte de la surface
de l'ouverture produite dans la chaudière, du travail dépensé pour l'arracher de ses supports et lui
faire parcourir la trajectoire qu'on a constatée.

IV

Nous avons vu que les classes autrefois si tranchées : *fontes*, *aciers*, *fers*, se subdivisent aujourd'hui en une série, dont les termes passent insensiblement de l'un à l'autre, et que l'on peut obtenir tous à volonté pour les divers usages.

Nous avons vu encore que cest la proportion de carbone qui établit l'échelle des diverses qualités des fers ; jusqu'à 3 de carbone pour mille, le métal conserve une grande malléabilité, on le recherche pour la fabrication des pièces qui, soumises à des chocs, à des vibrations, mais non à des frottements, craignent plus la rupture que l'usure ; tels sont les essieux de tous les véhicules ; les tôles des chaudières, certaines pièces mécaniques, etc.

18

Entre 5 et 15 de carbone pour mille, le métal est dur naturellement, et d'une façon telle qu'il est, dans beaucoup de cas, inutile d'avoir recours à la trempe pour augmenter la dureté ; nous dirons plus, c'est que chaque fois que cela sera possible, on fera bien de donner aux pièces la dureté désirée par la teneur en carbone plutôt que par la trempe, qui est un moyen irrégulier, brutal, dont il est difficile de prévoir l'énergie.

Dans les plus basses teneurs en carbone de cette deuxième classe des fers, on choisit le métal qui doit résister à l'usure aussi bien qu'à des chocs ; c'est le cas des rails, de la partie roulante de la roue de wagons ou bandages, de certaines pièces mécaniques, des canons, etc.

Dans ses teneurs moyennes de 5 à 10 de carbone pour mille, les fers ont de moins nombreux usages ; ils conviennent aux frettes des canons qui nécessitent une grande élasticité que donne seul le carbone ; et surtout aux boulets destinés à percer les blindages, lesquels ne doivent ni se rompre, ni s'émousser au moment du choc.

Enfin, le fer dans ses teneurs en carbone les plus élevées, durci encore par la trempe, devient le ciseau qui taille le fer, la lame de scie, la lime, le burin qui perce les roches, etc.

Au-dessus de 15 de carbone pour mille, c'est un

métal cristallin, c'est la fonte avec ses innombrables variétés, source inépuisable de la fabrication des fers ; ou même, entre les mains d'artistes habiles, c'est une matière plastique qui se moule, se transforme en statues, en fontaines, en ces mille objets d'art d'utilité ou de luxe, qui parent les villes de nos États civilisés.

Jusqu'ici on ne possédait point pour le dosage si nécessaire du carbone dans les fers une méthode rapide, pratique, industrielle, en un mot ; aussi ne pouvait-on *commander* la qualité qu'on désirait ; chaque usine ne produisait empiriquement qu'une seule variété par la répétition routinière des mêmes façons de travail ; il ne fallait pas lui en demander d'autres.

Mais un Suédois, Eggertz, fit connaître, il y a quelques années, un mode rapide et simple d'analyse du fer, fondé sur la colorimétrie ; il faut peu de temps pour faire du carbone une analyse suffisamment précise pour les besoins de l'industrie, qui, après tout, tient moins à connaître la dose exacte du carbone contenu dans les fers, que des *termes de comparaison* entre les divers produits de sa propre fabrication. Aussi ne saurait-on croire combien ce système rend de services. Nous l'avions vu employer en 1867 dans un voyage que nous fîmes en Angleterre, avec MM. Revollier et Biétrix, maîtres de forges, qui l'introduisirent aussitôt, en France, dans leurs aciéries. Là, depuis cette époque, chaque coulée de métal est analysée, et l'on sait aussitôt la qualité qu'elle peut fournir. Bien plus, quand l'on reçoit un fragment d'acier de provenance étrangère à l'usine, on l'analyse et on le réproduit facilement, s'il y a lieu, pourvu que la matière provienne des fontes couramment employées dans la fabrication des aciers.

Ce système d'analyse s'est rapidement répandu et, grâce à lui, on est maître aujourd'hui de cette matière, jusqu'alors si inconstante, l'acier.

Avant qu'on eût le guide certain de l'analyse, l'acier passait, avec raison, aux yeux des consommateurs, pour une substance capricieuse à laquelle on devait peu se fier, et cette défiance conduisait bien souvent à abandonner les avantages que son emploi présente, dans la crainte des dangers auxquels il expose. Un rail d'acier fait un service vingt fois plus long qu'un rail de fer, mais il peut se briser au moment du passage d'un train et causer de graves accidents ; il en est de même du *bandage*, ce cercle qui entoure la roue des wagons ; en acier, il fait jusqu'à dix fois le service du fer, mais une rupture imprévue peut produire de grands désastres. Une chaudière à vapeur en acier peut peser un tiers de moins qu'en fer, elle permet mieux à la chaleur du foyer de pénétrer jusqu'au liquide à chauffer, mais de terribles accidents ont été causés par la rupture subite de l'enveloppe d'acier. Enfin, le canon d'acier est plus léger et s'use moins vite que le canon de bronze, avantage considérable, mais il éclate. Aussi, rails, bandages, chaudières, canons en acier, n'ont-ils été introduits dans notre pays qu'avec une grande lenteur, et pendant que toute l'Allemagne, l'Angleterre, l'Autriche, la Belgique, le reste du monde, en un mot, ne montre plus aucune répugnance à employer exclusivement les fers fondus, nous hésitons et semblons ne pas savoir à quel parti nous arrêter. Il ne faudrait point en conclure, comme l'a fait récemment dans un livre sur la question un de nos éminents chimistes, que la plupart de nos métallurgistes ne soient point depuis longtemps en mesure de fournir à volonté les diverses qualités d'acier requises pour les divers usages ; non, cette indécision vient de ce que l'enthousiasme que nous portons à un si haut degré ailleurs, dans les arts, par exemple, est plus que modéré quand il s'agit des progrès industriels ; on dirait qu'il nous faut souvent pour les adopter la vue d'un long succès chez les autres.

Il faut encore remarquer qu'en France, il y a malheureusement comme un fossé creusé entre les

professions, alors même qu'elles ont journellement
besoin du concours des unes des autres : l'artilleur
et le métallurgiste ne se consultent pas plus que le
géologue et le mineur, que le constructeur mécanicien et le mécanicien rationnel, que le géographe et
le négociant dont le commerce s'étend dans les pays
lointains. Je parle ici des professions prises en
masse, et non pas de certaines personnalités qui,
dans la voie pratique ou théorique où elles se sont
placées, agissent autrement ; mais ce qu'on peut
dire, c'est que la *liaison officielle* n'existe pas ; elle
n'est, d'ailleurs, ni assez favorisée, ni même, ce qui
est pire, assez désirée.

Dans quelques pays d'Europe, au contraire, l'État
semble prendre à tâche de grouper toutes les spé-
cialités, et de faire converger vers un même but
leurs différents efforts. C'est là qu'il faut chercher
aujourd'hui, croyons-nous, le secret de la suprématie des nations ; elle a cessé d'être le prix de
l'impétuosité, de la bravoure, de la *furia*, trop
souvent irréfléchie ; il appartient plutôt aux efforts
réunis du travail intellectuel dans tous les arts de
la paix et de la guerre.

Un officier d'artillerie bien connu chez nous
pour ses travaux sur l'acier, M. Caron, disait en
1868 : « L'acier des canons doit avoir deux et demi
de carbone pour mille, et si les nôtres ont éclaté

jusqu'ici, c'est qu'*on les a faits en acier d'outil.* »
Comme nous nous trouvions à même de pouvoir
faire fabriquer par une aciérie un canon d'essai
avec cette composition, nous en fîmes l'offre au mi-
nistère de la guerre, qui voulut bien l'accepter ;
mais, diverses causes de retard ne permirent pas
d'avoir une solution avant la guerre de 1870.

Dès le début de cette guerre les aciéries de la
Loire, proposèrent des canons en acier ; leurs offres,
acceptées très-tardivement, permirent encore de
fabriquer, en très-peu de mois 600 pièces de 7 et
je ferai remarquer que l'une des usines à qui
j'avais fait part des observations de M. Caron, et
qui en tint compte, fut celle qui, relativement, eut
le moins de rebuts aux essais.

Néanmoins nous avons lieu de penser que la teneur en carbone de 2 à 3 pour mille est trop faible ;
c'est du fer doux qu'on obtient alors, et si l'on ne
craint pas les ruptures, il faut redouter l'usure et
la déformation du métal, qui est dans ce cas trop
malléable et trop peu élastique ; les épreuves ne
donnent qu'une résistance de 40 à 45 kilogrammes
par millimètre carré, avec un allongement excessif
de 20 à 25 pour 100 ; de plus, la charge qui correspond à la limite d'élasticité est faible, mais elle
s'élève avec la dose de carbone. Les compagnies
des chemins de fer français qui, pour leurs

bandages de roues, ont adopté résolûment l'emploi de l'acier, ont fait depuis une dizaine d'années de très-nombreux essais ; elles ont exigé des divers fabricants toutes les sortes de fers fondus, depuis le fer doux jusqu'à l'acier dur, à 7 pour mille de carbone, et l'on a pu remarquer par les statistiques, que les ruptures subites en service ont toujours été proportionnelles à la teneur en carbone, toutes choses égales d'ailleurs.

Néanmoins les ruptures ne commencent à avoir lieu qu'à une teneur de 5 pour mille de carbone ; au-dessous de cette dose, le métal fondu s'use presque aussi vite que du bon fer aciéreux, mais il a sur lui les avantages importants de s'user réguliérment et de ne jamais s'écraser sous la pression des véhicules, ce qui arrive souvent au fer, dans les parties sans doute qui sont affaiblies par des défauts de soudure ou par la présence de matières scoriacées.

C'est donc vers la limite de 5 pour mille de carbone que l'on devrait s'arrêter avec les aciers français, pour avoir un métal qui résiste à l'usure aussi bien qu'au choc, ainsi que cela est nécessaire pour les pièces d'artillerie. Dans ce cas le métal fournit un allongement de 10 à 15 pour 100, et une résistance à la rupture de 50 à 65 kilogrammes. Il va sans dire que nous entendons toujours un acier de bonne qualité et bien martelé.

Notre artillerie n'a pas cru devoir s'engager dans cette voie de recherches et de lutte où notre industrie des chemins de fer n'a pas craint de s'avancer, et si nous avons le plaisir de constater qu'un vrai succès couronne de plus en plus les efforts et les recherches de l'industrie privée, nous avons le regret de voir notre artillerie revenir au canon de bronze, lourd, cher et coûteux ; on croit la question de l'acier vidée à cause de quelques insuccès, auxquels on devait s'attendre, par suite du grand nombre d'inconnues qui se rencontrent chaque fois qu'on aborde de nouveau ce problème.

Hâtons-nous, pourtant de rappeler que notre marine nationale emploie couramment aujourd'hui l'acier pour ses canons, qui sont revêtus intérieurement d'un tube de cette matière, ainsi que pour une partie de ses projectiles. Nous donnons ci-joint les courbes de résistance de plusieurs qualités de fers fondus ; ces courbes correspondent à des aciers de diverses provenances et de diverses teneurs en carbone, mais il serait toujours facile d'obtenir d'une usine l'une quelconque des qualités correspondantes à ces courbes, ou bien un intermédiaire ; on pourrait, en effet, chercher la qualité d'acier qui donnerait les résultats les plus semblables à ceux que fournissent les bronzes des canons et voir quelle est celle de ces deux courbes sem-

blables qui aurait les *coordonnées* les plus grandes ;
c'est-à-dire les plus grands allongements et les plus
grandes résistances à la rupture[1].

Résumons-nous : pour tous produits où la bonne
matière est de rigueur, le fer non obtenu par fusion
a fait son temps ; toutes choses égales, la fusion des
fers est une cause d'épuration de premier ordre ; bien

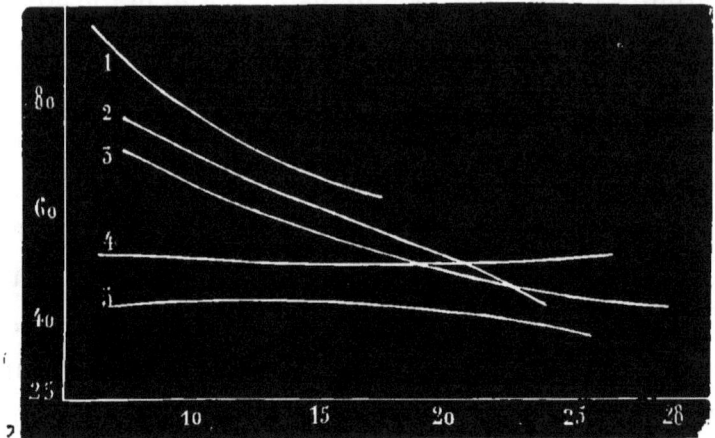

Courbes de résistance de quelques aciers.

[1] Ces lignes étaient écrites quand le 18 septembre 1874, parut
dans le bulletin du « Comité des forges » une note sur les essais
que les usines du Creuzot avaient faits, sous les yeux de nos offi-
ciers d'artillerie, de l'acier comme matière première des canons. —
Grâce à notre première forge nationale, la glace semble rompue et
le commandant d'artillerie Bobilier a pu résumer ainsi la série d'expériences auxquelles il a présidé : 1° Le bronze est beaucoup moins
résistant que l'acier doux ; il ne supporte que 25 kilogr. par millimètre carré, avec un allongement de 25 pour cent et son élasticité cesse au poids de 9 kilog. par millimètre carré. 5° un tube
de bronze d'une certaine épaisseur, éclate à la charge de 800 gr.
de poudre, tandis que l'acier n'éclate, au minimum, que sous une

plus, elle accroît toutes les vertus du métal dans un rapport considérable; c'est donc de ce côté que notre industrie métallurgique doit porter ses regards.

charge de 1100 à 1200 grammes de poudre. — De plus trois canons d'acier que l'on a essayés *à outrance* n'ont pas atteint la limite de leur résistance, et ne se sont pas, à beaucoup près, déformés autant que le bronze.

Il ne resterait plus, dit le rapporteur, qu'à établir jusqu'à quel degré de dureté d'acier on peut aller, car les *aciers les plus doux ont donné les moins bons résultats*, la teneur en carbone variant entre 1 millième et demi et 3 millièmes et demi.

Si l'on se reporte à ce que nous avons nous-même avancé, ce serait, en effet, vers 5 millièmes de carbone qu'on aurait le meilleur acier pour canon.

V

LE FER DANS LES CONSTRUCTIONS, LES MONUMENTS
ET LES OBJETS D'ART

Depuis quelques années les constructions en fer ont pris une place importante chez les peuples civilisés. Cette innovation s'est produite plutôt sous l'empire de calculs économiques que par l'inspiration de sentiments artistiques. On reproche aux constructions en fer trop de maigreur et de sécheresse ; notre œil accoutumé aux formes pleines, moelleuses de nos monuments de pierre, qui semblent être plus à *notre échelle*, demeure souvent froid, en face des formes géométriques des édifices de fer. Mais si l'art n'est pas encore assez intervenu, il faut cependant reconnaître dès aujourd'hui que, sous bien d'autres rapports, le fer, dans les constructions, surpasse la pierre. Quoi de plus hardi,

Les halles centrales, construction en fer de M. Ballard.

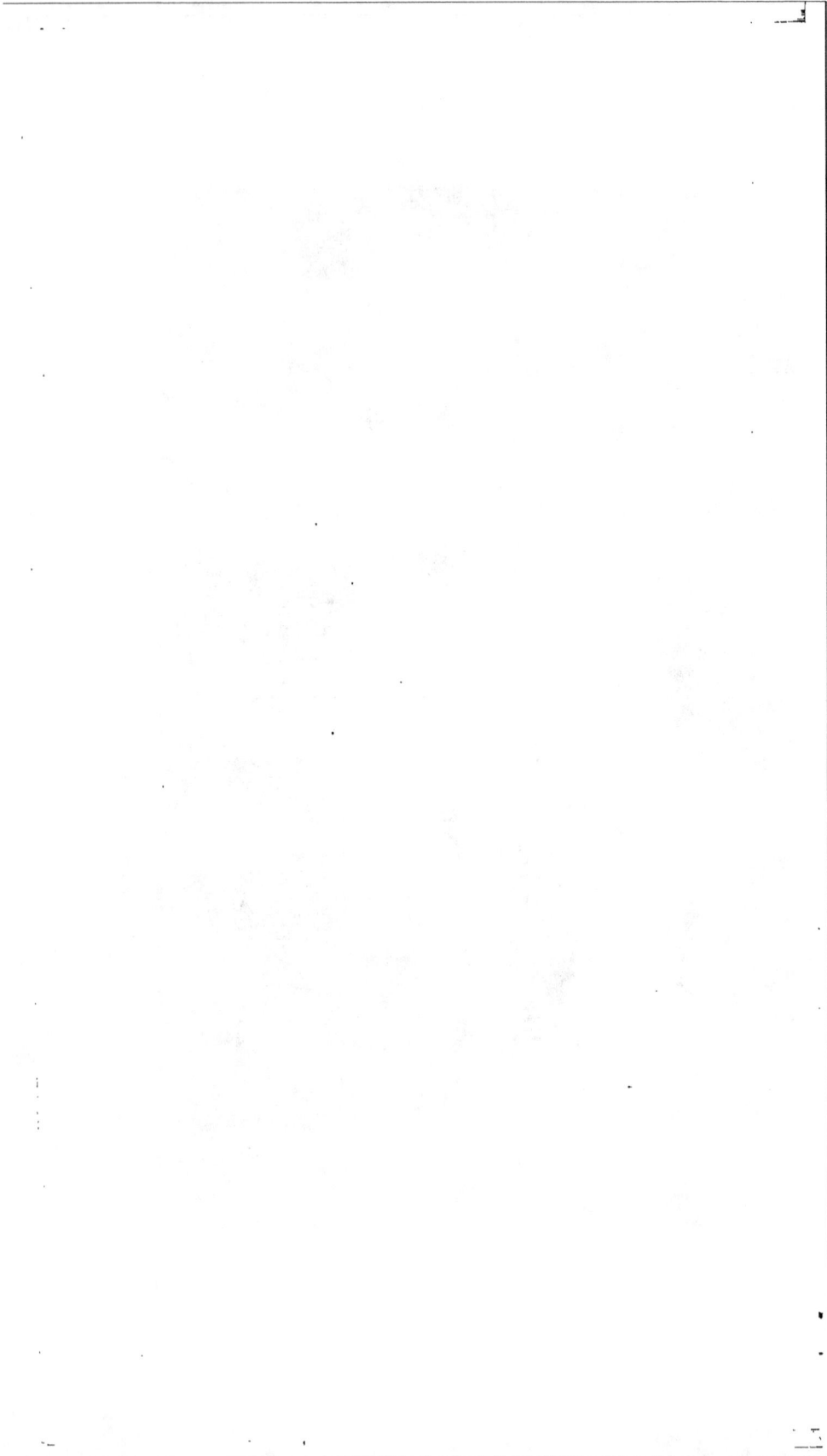

par exemple, de moins épais, de plus *aérien*, que
la plupart des édifices en fer, gares, ponts, halles, etc. Mais, il est vrai, notre œil n'y est pas fait,
et nous trouvons mesquin, grêle, ce que nos petits
neveux admireront peut-être; et quoiqu'il y ait
certainement des règles du beau, il est certain que
nos goûts artistiques se modifient souvent selon le
milieu dans lequel nous sommes appelés à vivre.

On peut d'ailleurs prévoir que nos architectes et
nos ingénieurs arriveront à dessiner pour les fers des
profils plus en rapport avec les principes de l'art.
Ils se sont contentés jusqu'ici de calculer mathé-
matiquement les formes qui, sous le plus faible
poids, offrent la plus grande résistance possible,
et ils ont judicieusement appliqué les profils que
leur donnait ainsi la théorie; ils ressemblent au
premier homme qui éleva la première hutte. S'oc-
cupa-t-il alors d'un style quelconque? Non, certes,
il se contenta de donner à ses matériaux des dimensions suffisamment résistantes et tout fut dit; c'est
plus tard, que les nations aspirèrent au beau; l'ar-
tisan se fit artiste, les pierres, sous l'inspiration de
ses rêves, se modelèrent, et leur superposition se
produisit suivant des lois qui furent si bien recon-
nues pour fournir les types de la beauté architecturale que, de ces types, on a fait les divers styles
que nous admirons, que nous imitons... et ne dé-

passons pas. Peut-être resterons-nous pendant un certain temps rivés aux formes sèches que nous fournit le seul raisonnement, mais il viendra quelque homme de génie qui saura assouplir aux belles formes les futures constructions en fer.

Une voie nouvelle est ouverte, croyons-nous, de-

Vue du pont de Kehl.

vant l'architecte moderne; nous nous plaignons de la stérilité architecturale de notre siècle, peut-être nous parlons en aveugles, et sommes-nous au début d'un genre merveilleux, s'il en fut, l'*architecture de fer*.

La France a donné l'exemple des constructions

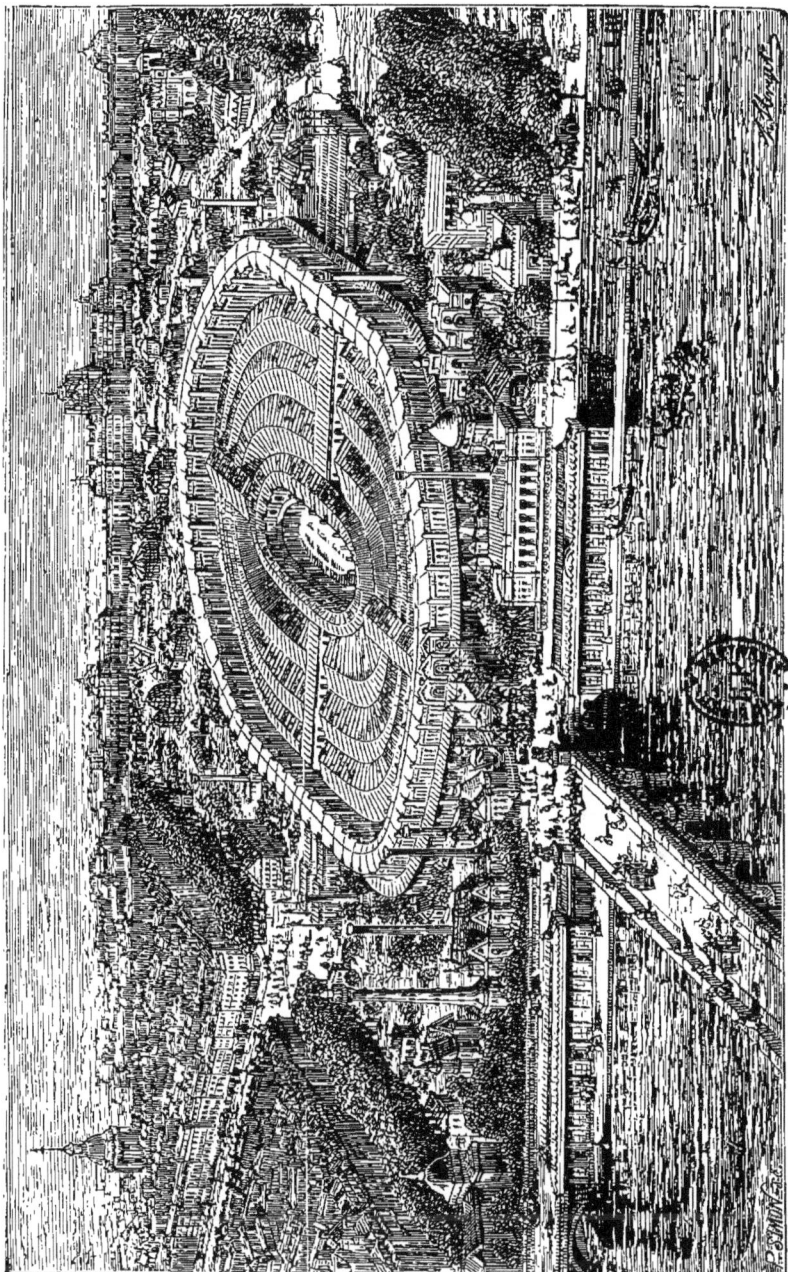

Le palais en fer de l'exposition universelle de 1867.

en fer : notre palais d'exposition de 1867, bien que sans caractère architectural, était une merveilleuse application exclusive du fer à la construction ; la toiture même de la grande nef était en tôle ondulée et le poids total du fer de l'édifice s'élevait à 14 millions de kilogrammes, dont la valeur en place était de 8 millions environ.

Nous ne pouvons passer sous silence nos halles centrales, qui sont un heureux — on pourrait dire glorieux — spécimen des édifices de fer. Nous donnons une vue partielle de ce monument superbe que tous les peuples de l'Europe ont imité. Dans un édifice de ce genre, où l'on a le plus besoin d'espace, d'air, de lumière il n'y a rien à changer.

C'est encore dans la construction des ponts que le fer trouve une heureuse et utile application. Un des plus beaux exemples est le majestueux pont sur le Rhin à Kelh; sa longueur est de 245 mètres ; il a cinq travées dont les deux premières sont mobiles, de façon à interrompre à volonté les communications entre les deux rives. Ce pont est de la forme dite *en treillis*, et bien que sa construction ne date que de quinze années, ce système a déjà reçu de nombreux perfectionnements.

Le pont métallique de Cologne a 412 mètres de longueur; le pont de Bordeaux, 500 mètres; le pont de Fribourg n'a que 394 mètres de longueur, mais il est élevé à 85^m,80 au-dessus du fond de la vallée.

Citons encore le pont d'Arcole que beaucoup de nos lecteurs ont pu admirer ; sa voûte, extrêmement surbaissée a 76 mètres de portée, et cependant à la clef l'épaisseur n'est que de 45 cen-

Pont d'Arcole, en fer.

timètres. Théoriquement même on pourrait supposer le pont interrompu, coupé au milieu de la voûte ; il est, en effet, composé de deux immenses consoles de fer qui viennent se rejoindre et sont respectivement ancrées dans leurs deux culées où se porte toute la pression. Ce pont a résisté à une épreuve de 800 tonnes. Le 28 juillet 1830, au même endroit, il n'y avait qu'une modeste passerelle réunissant le quai Napoléon à la place de l'Hôtel-de-Ville. On raconte qu'une troupe de combattants s'y engagea conduite par un jeune homme qui tomba frappé à mort, il se nommait *Arcole*; et d'après la même tradition le nom de ce malheureux qui

Coffre en fer forgé de Catherine de Médicis. (Musée de Cluny).

rappelait une victoire glorieuse, serait resté attaché depuis à la passerelle, puis au pont qui vint la remplacer en 1854.

La marine n'a pas craint non plus de se lancer à pleine voile dans la construction des navires en fer, qui présentent, en effet, d'immenses avantages, et le monument du genre le plus admirable, celui dont la construction en bois eût été à peu près im-

possible, c'est le *Great-Eastern*. J'ai pu visiter ce
géant dans la rade de Liverpool; l'extrémité des mâts
de notre cutter atteignait à peine son pont, et pendant que nous étions ballottés par chaque lame, la
masse immense du *Léviathan* gardait l'immobilité

Grille en fer du Palais de Justice.

d'un roc. En mettant le pied à bord, l'illusion était
complète; on se serait cru sur la terre ferme. La
longueur du *Great-Eastern* est de 217 mètres, sa
largeur, y compris les roues, est de 36 mètres, et
sa hauteur de 20 mètres. On pense que l'on pour-

rait, à la rigueur, y embarquer 15,000 hommes ;
il cube 22,500 tonnes, et pèse, vide, 120 millions
de kilogrammes.

Le *Léviathan* a deux coques s'emboîtant l'une dans
l'autre ; elles sont en fer d'une épaisseur de 20 centimètres environ, et maintenues à une distance de
55 centimètres l'une de l'autre par des cornières.

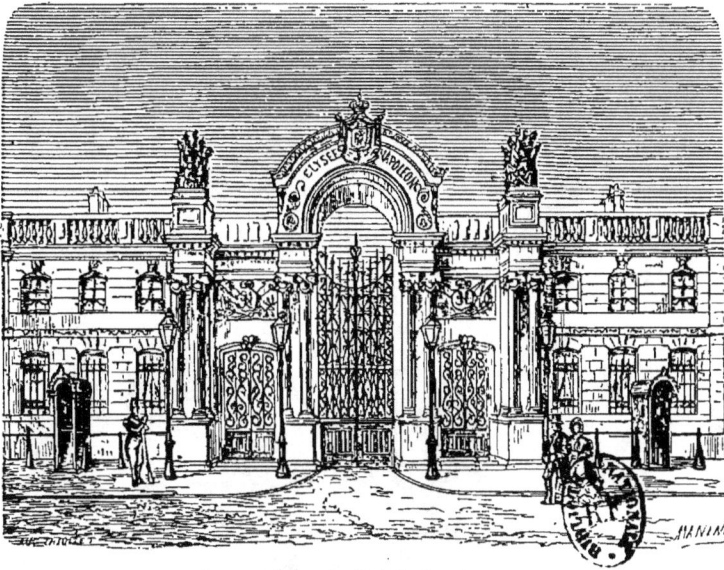

Porte en fer du Palais de l'Élysée.

Les machines peuvent développer une force de
12,500 chevaux, et c'est un beau spectacle que celui des énormes pièces de fer poli qui les composent !

Nous avons vu que les siècles derniers faisaient

grand cas des ouvrages en fer, mais ils ne les enten-
paient point exactement comme nous ; c'était dans

Monument de fonte du puits artésien de Grenelle.

l'art de la « serrurerie » qu'ils exerçaient surtout leurs
talents; cet art comprenait tous les menus ornements
de fer. Que de merveilles dans ce genre n'a-t-on

Moulage de la fonte au moyen du cubilot.

pas pu recueillir ? Heurtoirs ciselés, chenets, clefs, serrures, coffrets de toute sorte, de toute dimension. Nous donnons ici le déssin d'un magnifique coffre en fer forgé, aux armes de Catherine de Médicis, qu'on peut admirer au musée de Cluny ; il a près d'un mètre de longueur ; les fleurs des bouquets qui ornent sa face principale sont d'un fini admirable ; chacune de leurs feuilles, de leurs pétales sont reproduites avec une remarquable exactitude. Il semble que jusqu'à ces derniers temps seulement le fer ait mérité la main habile de l'artiste, aussi bien que l'or, l'argent ou le bronze. Les rois de France même ne dédaignaient point de se livrer au travail minutieux de ces objets de fer, et l'on conserve encore une clef mignonne, sortie des mains de Louis XVI, qui portait une petite montre enchâssée dans la poignée.

Aujourd'hui le robuste métal a pris dans les arts une place qui semble plus naturelle. Comme les matières abondantes, le marbre, par exemple, c'est sous de grandes formes qu'on le présente. A Paris, nous admirons les grilles et les portes du parc Monceau ; celles du palais de l'Élysée, du palais de Justice. La fonte de fer s'élève aussi en monuments complets qui, souvent, sont pleins d'élégance, telle est la colonne de Grenelle, dont nous donnons la vue ; cette tour monumentale, qui soutient le tube ascensionnel des eaux du puits de Grenelle, se compose d'un escalier à hélice à jour de 0^m,75 de largeur, supporté par six montants à jour. La cage a 2^m,10 de diamètre, pendant que la tour a 3^m,88 à la base et 2^m,90 au sommet. Quatre paliers extérieurs, simulant des vasques, s'étagent le long de la colonne qu'un élégant campanile surmonte. La hauteur totale est de 42 mètres.

Le poids de ce monument de fonte est d'environ 100 millions de kilogrammes. La fonte de ces moulages n'est pas généralement empruntée directement au haut fourneau; elle vient d'une *seconde fusion* dans un fourneau à part, le cubilot, dont nous donnons l'aspect à la page 297.

VI

DES PROGRÈS FUTURS DE LA MÉTALLURGIE

La sidérurgie marche si vite que les méthodes vieillissent du jour au lendemain : les inventions, les perfectionnements surgissent incessamment de toute part.

Nous avons vu qu'une des grandes questions agitées était celle de rendre tous les minerais propres à donner des aciers

Une autre recherche, non moins importante, est celle qui aurait pour but de tirer directement des minerais le fer qu'ils contiennent sans les transformer d'abord en fonte.

Cette idée est depuis longtemps mise en pratique par les méthodes les plus primitives ; mais on atteignait le but, grâce seulement à une énorme dépense de charbon ; pourtant un minerai, très-riche en fer et pur, dans le sens métallurgique du mot, doit pouvoir se transformer en acier par des opérations plus simples que celles qu'exigent des minerais de qualité inférieure ; enlevons-lui l'oxygène par une réduction, séparons sa gangue par la fusion, fondons et carburons le fer restant à la dose voulue, et nous aurons de l'acier. Telle est, en effet, la marche suivie par un grand nombre de métallurgistes, à la tête desquels fut un Français : Chenot. Mais jusqu'ici, bien qu'on ait réussi à fabriquer le métal pur, les exigences et la délicatesse des procédés sont tels, qu'ils sont restés limités à de faibles productions, favorisées par des circonstances locales exceptionnelles. Un métallurgiste reprenant les recherches avec les leviers puissants dont il dispose, a annoncé qu'il était assuré de réussir ; c'est là un fait qui doit attirer toute l'attention des autres métallurgistes, car l'économie de leurs affaires peut en subir d'énormes contre-coups. C'est que, en effet, tout le matériel de fusion serait changé ; les hauts fourneaux, qui coûtent aujourd'hui plus d'un million la pièce, les fours à transformation de la fonte, en fers deviendraient inutiles. C'est là, il est vrai, une des chances que court la métallurgie dans notre siècle de révolutions continues ; plusieurs fois déjà elle en a rencontré de semblables ; certaines usines en ont péri, pendant que d'autres, relativement mieux situées, n'en prenaient que plus d'essor ; mais, en définitive, on peut dire qu'une société sidérurgique devrait aujourd'hui être toujours à même, par ses *réserves* de raser ses ateliers pour en installer d'autres sur les modèles les *plus récents* et les plus économiques.

Sans vouloir préjuger que le système de transformation directe du minerai en fer et acier aura une telle fortune, on peut dire que c'est lui qui semble présenter l'idéal d'économie et de simplicité de fabrication vers lequel on ne cesse énergiquement de tendre ; aussi donnerons-nous quelques détails sur la marche qu'ont suivie dans ce sens les plus célèbres inventeurs.

Le père de cette école fut un Français : Chenot. Il réduisait simplement le minerai de fer par le charbon et l'action de l'oxyde de carbone, comme nous avons vu que cela se fait dans la partie supérieure d'un haut fourneau. Il recueillait à la base de son four une masse spongieuse de fer, qu'il reprenait, réchauffait et martelait. Cette masse de fer, correspondant à un point presque mathématique de la réduction des minerais, était parfois mal réduite, ou bien encore à cause de son manque de fluidité, elle se dégageait difficilement du fourneau ; enfin, elle était mélangée aux gangues dont il fallait la débarrasser, soit mécaniquement, soit par la fusion. En un mot, ce procédé, basé sur des faits justes, n'avait pas l'élasticité qu'exigent les irrégularités de la pratique.

Nous ne parlerons pas des tentatives intermédiaires qui, bien que le principe fût bon, restèrent sans succès. C. W. Siemens fit aussi toute une série de recherches : il *fondit le minerai* et voulut *précipiter le fer par le carbone;* c'était plus que hardi, la tentative ne s'appuyait sur aucun fait pratique antérieur ; il vient de renoncer à ce mode, et suit actuellement une forme moins simple, mais plus dans les données sidérurgiques.

Voici une coupe de l'appareil : c'est un four qui peut tourner autour d'un axe par l'intermédiaire d'engrenages et d'un mécanisme qui sont figurés.

Les scories de l'opération tombent dans un wagon; l'extrémité intérieure de ce cylindre rotateur reçoit le gaz des *régénérateurs* habituels et laisse échapper les produits de la combustion, pendant que l'autre extrémité est close par une porte qui sert encore au passage des matières.

On charge dans ce four, dont la garniture est en *bauxyte* ou terre basique, très-alumineuse, un mélange de minerai finement concassé et de charbon, avec addition du *flux* nécessaire à la fusion de la totalité des gangues ; l'oxygène du minerai, à la haute

Four Siemens, pour le traitement direct des minerais de fer.

température où l'on agit, est chassé à l'état d'oxyde de carbone qui se brûle dans le four lui-même ; le fer se précipite et se sépare du laitier fondu que l'on fait sortir en débouchant le trou de coulée. — C'est alors que l'on donne au rotateur un mouvement rapide qui *réunit en une boule compacte* les molécules de fer ; on arrache cette boule, on la presse et la refond pour acier au contact de la fonte, comme nous l'avons décrit dans le système Martin.

Par ce moyen, M. C.-W. Siemens compte atteindre les résultats si désirés, non-seulement de l'économie du charbon, mais encore de l'utilisation pour acier des minerais qui tiennent du phosphore et même de l'arsenic et du soufre. Il se fonde sur ce fait que si ces matières nuisibles se trouvent dans la fonte, c'est seulement à cause des hautes températures auxquelles on arrive dans les hauts fourneaux et qui permettent la réduction des oxydes phosphorique, arsénique, silicique, etc.; mais que ces réductions n'ont pas lieu au même degré dans le four rotatif. Ce serait rationnel s'il était, en effet, démontré qu'il est possible de réduire le fer dans le four rotatif sans atteindre la température à laquelle les oxydes, autres que le fer, se réduisent. Mais n'est-ce pas souvent à la poursuite d'un idéal plus invraisemblable encore, en

métallurgie surtout, que l'on a atteint la réalité,
c'est-à-dire la pratique ?

M. Ponsard a expérimenté aussi un système assez
original pour retirer, du même coup, le fer des
minerais ; il se sert d'un four à réverbère à deux
soles ; sur la première se trouve le minerai mélangé avec du charbon ; le gaz des générateurs
arrive sur ce mélange à la température élevée, à
laquelle il s'échappe, augmentée encore par ce fait
que l'on utilise dans le générateur une partie de
l'air déjà chauffé dans le récupérateur habituel ;
l'oxyde de carbone de ces gaz, unissant son action
à celle du charbon, enlèverait l'oxygène du fer
du minerai. Lorsque cette réduction a eu lieu, on
pousse le minerai sur la seconde sole où passent les mêmes gaz combustibles des générateurs ;
mais, là, ils rencontrent un jet d'air chauffé à 1000°
par son passage dans le récupérateur ; il y a combustion et sous l'action de la haute température
qui se crée, la matière ferreuse se dédouble en laitiers que l'on fait écouler, et en fer, plus ou moins
réduit, auquel on additionne de la fonte pour le ramener à l'état de fer fondu, suivant le système Martin.

On a pu remarquer qu'il est en sidérurgie un
agent tellement capital, qu'on n'a pu faire de progrès sérieux dans les méthodes qu'en le faisant
progresser lui-même ; il s'agit des moyens de chauf-

fage. En y regardant de bien près, on s'apercevra aisément que l'histoire des progrès de la sidérurgie n'est autre que celle des perfectionnements des systèmes de chauffage. On a vu combien Bessemer et Siemens ont révolutionné l'art des forges, et ouvert de nouveaux horizons, en trouvant le moyen d'élever les températures à un degré tel qu'il n'a de limites que le degré même de résistance des fours à la fusion, et, en second lieu, l'arrêt des réactions chimiques à ces mêmes températures, sous la pression atmosphérique.

Il fallut perfectionner nos matériaux réfractaires qui jusqu'alors s'étaient toujours trouvés de beaucoup au-dessus de leur tâche; nous ne trouvâmes même pas tout d'abord, chez nous, un élément qui pût résister à de pareilles températures, et pendant des années, nous allâmes en Angleterre chercher les briques connues sous le nom de *Dinas*, qui provenaient d'un sable naturel à peu près exclusivement siliceux. C'était là une sujétion dispendieuse et fâcheuse. Des industriels français, (M. Carvès, à Saint-Étienne) entreprirent de répéter artificiellement ces briques; non-seulement ils réussirent, mais ils dépassèrent le modèle, et nos fours sont maintenant armés contre l'ardeur du feu, de matières qui renferment jusqu'à 98 p. 100 de silice pure.

C'est, pour le moment, un produit réfractaire
qu'il semble difficile de dépasser, et pourtant il
est encore loin de résister longtemps à l'action de
la chaleur que l'on peut produire. Pour se servir
de l'heureuse expression de M. Jordan, dans ce
duel journalier entre le feu et l'enveloppe matérielle, l'attaque triomphe toujours de la résistance,
de même qu'on fabriquera toujours un boulet
capable de traverser le meilleur blindage.

Que sera-ce donc, et de quelles substances enve-
lopper les flammes, le jour où le métallurgiste,
voulant s'élever encore dans l'échelle des températures, augmentera la pression sous laquelle se
produira la combustion! C'est dans ce sens que
Bessemer dirige, depuis quelque temps, ses
recherches ; déjà, dans son convertisseur, les gaz
chauds, s'échappant par une étroite ouverture,
font naître dans l'intérieur une pression supérieure
à celle de l'atmosphère, et c'est principalement à
ce fait que l'on peut attribuer une température de
2,500° au bain Bessemer, pendant que celle de
Siemens ne serait que de 1800° à 2000°.

Si des substances réfractaires nouvelles nous
permettent un jour ces températures que notre
imagination seule nous représente jusqu'ici, que
l'on songe que le domaine de la sidérurgie n'en
sera pas seul agrandi, mais bien encore, comme

cela eut toujours lieu, celui de nos connaissances chimiques ; c'est par la voie seule de la dissociation, due aux températures élevées, que l'on peut espérer de réaliser la grande pensée des chimistes, que les corps simples ne sont que des combinaisons ; pensée qui semble affirmée par les études spectroscopiques récentes des étoiles, lesquelles montrent que plus les corps célestes sont chauds et plus leur composition est simple ; ceux dont la température est la plus élevée ne nous présentent que de l'hydrogène, les métaux apparaissent ensuite, puis les métalloïdes et enfin les corps à peu près éteints comme la terre, ne tiennent que *des cendres*, c'est-à-dire les formes successives aux diverses conditions de température, de la matière *une ;* et nous ne sommes pas encore le dernier terme, car il doit correspondre à ce point d'absence absolue des vibrations d'où naît la chaleur. Entre la température déjà si réduite de notre planète et cette température limite inférieure, il doit y avoir toute une échelle de corps nouveaux que nous ignorons, tant il est vrai que dans la nature, comme dans les mathématiques qui en sont l'essence, le monde infini se révèle au fond de toutes les recherches.

Mais, descendons de ces considérations pour revenir à notre sujet plus humble, bien que nous trou-

vions plaisir à faire entrevoir combien l'art, si longtemps dédaigné du forgeron, touche de près aux
plus grandes conceptions de l'esprit.

Il est un point sur lequel nous désirons attirer
encore l'attention du métallurgiste ; il s'agit du
travail mécanique des fers. N'est-on pas surpris de
voir à quel grand nombre d'opérations de chauffage
et de martelage renouvelés on se livre pour arriver enfin à la pièce de fer qu'on désire ! Pourtant
chaque chauffage et chaque martelage, c'est du
temps, du charbon, du travail, du déchet dépensés,
et cela, d'après nous, simplement parce qu'on forge
le fer à l'*état solide*, au lieu de le forger à l'*état
liquide*. C'était bien à l'époque où les foyers ne per-
mettaient pas encore de fondre le fer, mais maintenant nous n'avons plus les mêmes raisons.

Le fer fondu, dira-t-on, est criblé de soufflures,
sa texture est cristalline ; c'est vrai, mais parce
que, sous la *simple pression de l'atmosphère*, les
gaz emprisonnés dans le métal ne se dégagent
pas, et que, faute d'une mobilité suffisante, les
atomes cristallisent à l'intérieur du bloc, faut-il
renoncer à changer cette manière d'être en modi-
fiant la manière d'agir. Qu'au moment où le métal arrive dans le moule on le soumette à une
très-haute pression, non-seulement les gaz seront
chassés, mais toutes les molécules se rapproche-

ront les unes des autres et ne se sépareront plus que de la faible quantité qui correspondra au retrait proportionnel dû au refroidissement; puis, un seul martelage suffira pour effectuer le rapprochement définitif des molécules et atteindre la densité *maxima* des fers. La *densité* d'un fer et son *analyse*, soit dit en passant, devraient en être la meilleure définition, au point de vue de sa valeur industrielle.

Ce forgeage à l'état liquide n'est point une nouveauté: il fut l'objet de longues expériences de la part des aciéries Revollier-Biétrix; la pression sur le métal fondu atteignait l'énorme chiffre de 600 kilogrammes par centimètre carré de surface, de 6 millions de kilogrammes par mètre carré. C'est là, croyons-nous, la pression la plus élevée qui ait jamais été pratiquée avec la presse hydraulique.

Pendant cette opération curieuse et intéressante entre toutes, on observait divers phénomènes remarquables, dont nous ne pouvons indiquer, ici, qu'un petit nombre.

A peine le moule était-il plein de fer liquide, qu'un piston comprimeur agissait sur lui; dès le premier instant, le volume du métal fondu diminuait dans la proportion de 6 à 7, 7, c'est-à-dire dans la proportion habituelle de la densité *d'un lingot coulé de fer fondu et de celle d'un lingot martelé.*

En second lieu, le métal *se solidifiait instantanément sous la pression*, et la chaleur qu'il venait
de perdre, jointe à celle de la transformation du
travail en chaleur, passait dans la lingotière, qu[i]
s'échauffait jusqu'au rouge. C'est qu'à un volume
donné de matière correspond une certaine somme
de calories, et que si on augmente ou diminue ce
volume mécaniquement, on a le même résultat que
si on agissait en le dilatant par la chaleur ou en le
contractant par le refroidissement.

Les inconvénients pratiques de ce système ne
sont pas insurmontables, mais ils sont graves.

En premier lieu, les pressions nécessaires crois-
sent très-vite avec les volumes du corps à forger,
et l'on arrive bientôt à des chiffres si élevés que
les appareils connus ne sauraient résister, surtout
aux garnitures.

En second lieu, les installations doivent être
faites avec une précision telle, que s'il y a le
moindre retard entre le moment de la coulée et
celui de la compression, on n'agit plus que sur un
métal à demi figé qui n'obéit plus à l'effort; mais,
pour éviter cet écueil, pour arriver à mouler et
comprimer, séance tenante, toute une coulée de
4 à 5,000 kilogrammes, transformée en pièces du
poids de 200 à 400 kilogrammes, il faut organiser
une véritable batterie, fort coûteuse, d'appareils de

compression. Il est vrai qu'ils feront en quelques minutes, ce que, par les modes actuels, on met les journées à élaborer.

Quoi qu'il en soit, nous ne doutons pas que l'usine qui aura assez de ressources, de hardiesse et de connaissances techniques pour reprendre sur l'échelle voulue ce système de forgeage, n'arrive à fabriquer couramment certaines pièces du même type, qui subissent actuellement de longues manutentions, et qu'il suffira alors de les couler et presser pour les amener à l'état où un martelage long et coûteux les amène seul aujourd'hui.

VII

Afin de faire juger de l'importance actuelle, mais sans cesse croissante, de l'industrie sidérurgique, nous donnerons les principaux résultats des études statistiques à cet égard :

En 1872, la production des minerais de fer sur le globe a été de 35 milliards de kilogrammes, celle des fontes de 14 milliards de kilogrammes, celle du fer forgé de 8,5 milliards de kilogrammes, celle du fer fondu ou acier de 1 milliard de kilogrammes.

En métal Bessemer, pendant cette même année :

L'Angleterre a fourni 400 millions de kilog.

La France — 150 — —
L'Allemagne — 125 — —
Les États-Unis — 100 — —

Il peut être utile d'établir quelques comparaisons entre les productions actuelles dans les divers pays et celles qu'ils présentaient à la plus ancienne statistique que nous ayons pu nous procurer, c'est-à-dire en 1834 :

A cette époque l'Angleterre tenait déjà le premier rang, elle produisait 700 millions de kilogrammes de fonte; elle en produit aujourd'hui plusieurs milliards; sa seule fabrication de fer puddlé s'élève à 1 milliard et demi.

La Russie tenait *alors* le second rang et produisait à peu près autant que l'Angleterre; actuellement, c'est une nation qui compte peu relativement à cette production, bien qu'elle développe activement sa fabrication.

Venaient ensuite les pays scandinaves qui fournissaient 160 millions de kilogrammes de fer. La production ne s'est pas développée dans ces contrées comme chez nous, par les raisons que s'ils possèdent d'excellents minerais, ils n'ont ni la houille, ni les besoins, ni les facilités d'écoulement des autres nations.

La France fabriquait alors 100 millions de kilogrammes de fer; c'est, d'après un relevé récent, la production actuelle, en acier seulement, de la seule usine du Creusot, dont nous donnons la vue. La France tient encore le second rang, mais à

cause des immenses développements qui se font
en Allemagne et aux États-Unis, les prochaines
statistiques montreront peut-être que nous sommes
dépassés par ces deux États.

L'Autriche produisait aussi vers 1830, 100 millions de kilogrammes de fer ; quant à l'acier fondu,
sa production, en 1851, était de 2 millions de kilogrammes, et nous voyons qu'en 1872, elle est de
40 millions. Ce progrès est dû à l'intervention du
procédé Siemens qui permet de transformer en
combustible industriel les immenses dépôts de lignite que renferme le territoire ; on a pu alors établir, soit des fours à acier du système Martin, soit
des fusions au creuset.

L'Espagne, si célèbre autrefois par ses fers qu'elle
exportait au loin, ne produisait pourtant en 1834
que 18 millions de kilogrammes. Cette contrée ne
compte pas encore dans le monde sidérurgique ;
pourtant la houille et les minerais y abondent, mais
il est reconnu par les praticiens que les méthodes
sidérurgiques actuelles exigent un climat un peu
froid, sinon les ouvriers ne supportent pas la fa-
tigue et produisent peu, et l'on a constaté qu'au-
dessous d'une certaine latitude les entreprises sidérurgiques prospèrent difficilement.

Le royaume de Prusse, comprenant la Silésie, la
Marche, la Westphalie, produisait à cette époque

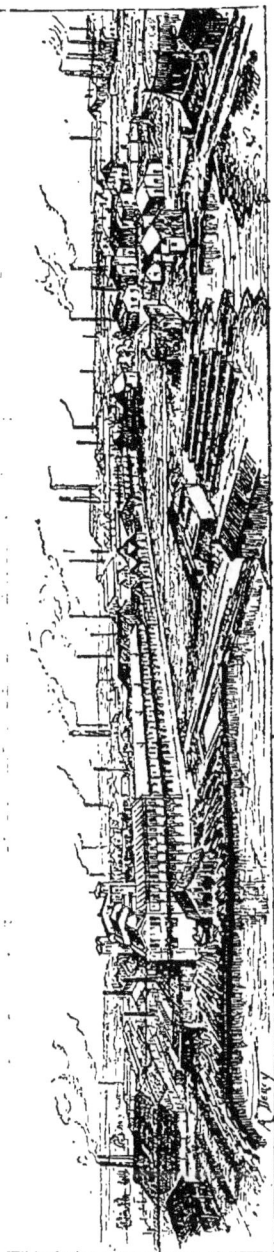

Vue générale de l'usine de Krupp.

Vue générale de l'usine du Creuzot.

30 millions de kilogrammes ; la seule usine *Krupp*, à Essen, dont nous donnons une vue, a une production de fonte quatre fois plus grande aujourd'hui. Les progrès métallurgiques sont si rapides dans l'Empire actuel, que du quatrième rang où il était placée en 1872, il va sans doute passer au second en 1875 ; on compte, en effet, fabriquer alors 500 millions de kilogrammes en seul acier Bessemer, ce qui est plus même que la fabrication anglaise de 1872.

Nous ne parlons point de l'Italie dont la production, faute de houille, est insignifiante ; pourtant ce peuple semble vouloir suivre la voie que lui montre l'Autriche, en utilisant ses nombreux dépôts de lignite, ceux de la vallée de l'Arno par exemple.

Quant aux États-Unis, cette grande nation est toujours destinée à surprendre le monde dans le champ du progrès industriel dont elle semble la personnification. En 1834 on y fabriquait 50 millions de kilogrammes de fer, mais peu ou pas d'acier jusqu'en 1865 même où le Bessemer apparut ; bientôt ce nouvel appareil s'installa de toute part, se modifia, se perfectionna plus vite même que dans l'ancienne mère patrie ; et la production du métal va s'élevant dans une telle proportion qu'il est facile de prévoir qu'elle égalera dans vingt ans celle de l'Europe.

21

Quant aux fontes, la production aux États-Unis n'était en 1810 · ue de 30 millions de kilogrammes; elle était en 18 ͺ de 2 milliards 300 mille kilogrammes.

Il nous reste à r umer en un mot la statistique des rails qui sont le principal débouché de la sidérurgie, ce qui avait permis à un ministre de dire à notre tribune législative, lors de l'installation des premiers chemins de fer, que ceux-ci n'auraient jamais de développements, faute de fer pour les construire et les entretenir. Aujourd'hui il y a sur le globe 60 millions de mètres de chemins de fer, soit 120 millions de mètres de rails. Comme le poids de ces rails est en moyenne de 35,000 kilogrammes le kilomètre, on voit qu'il y a en service 4,200 millions de kilogrammes de fer, qui doivent être remplacés en moyenne de dix en dix années.

VIII

INFLUENCE DU LIBRE-ÉCHANGE SUR LA SIDÉRURGIE FRANÇAISE

Le fer étant devenu une nécessité de premier ordre pour les nations civilisées, on conçoit combien il est important qu'un pays soit en situation de le produire à bon marché.

La France fut longtemps regardée comme mal partagée au point de vue de la production des fers; de là des droits élevés établis chez nous à l'entrée des produits étrangers, et quand vint le traité du libre-échange qui abaissait considérablement les taxes sur les fers étrangers, les producteurs redoutèrent la ruine; l'expérience ne tarda pas à démontrer que les droits anciens ne protégeaient que ceux qui, à l'abri de ces lois d'exclusion et sourds au progrès, suivaient, sans y rien changer, les antiques errements. Ils n'y gagnaient rien, la France y perdait, payant toujours aussi cher que par le passé et pouvant à peine se faire servir.

Il est vrai que par suite du libre-échange, les usines mal situées au point de vue économique, périrent. D'autres, bien inspirées, envoyèrent leurs ingénieurs étudier les méthodes étrangères, et grâce au concours, à l'association des capitaux, à des situations géographiques plus rationnelles, ils créèrent en France quelques-unes de ces vastes usines où le prix de revient diminue, comme conséquence non-seulement du perfectionnement de la méthode, mais aussi de l'ampleur de la production.

Pourtant, bien que le rapport des commissaires du gouvernement[1] sur la possibilité que nous avions de lutter contre les produits anglais, eût conclu en faveur du libre-échange, on doit reconnaître que les débuts furent des plus pénibles, que les produits anglais nous inondèrent, que la plupart de nos usines produisaient sans bénéfice et qu'un véritable marasme frappait même les producteurs les mieux situés. On travaillait beaucoup, mais on vendait à vil prix. Toutefois, si les maîtres de forge gagnèrent peu pendant cette période critique, il n'est guère contestable que le pays profita grandement du nouvel ordre de choses. Grâce au

---

[1] Ces commissaires étaient MM. Grüner et Lan, ingénieurs des mines.

bas prix des matières premières, les chemins de
fer, les ponts, les halles de fer, les bateaux à coque
de fer, les machines, se développèrent avec une
rapidité inouïe.

Mais une de ces évolutions industrielles, si fré-
quentes dans l'histoire du fer, se préparait. Comme
nous l'avons déjà fait remarquer, un changement
de méthode dans la fabrication peut totalement déplacer l'industrie sidérurgique; c'est ce que produisit l'invention de Bessemer.

L'Angleterre avait dû sa suprématie au bon marché à la fois de ses houilles et de ses minerais,
or on venait de reconnaître, après de longs tâtonnements, que le Bessemer interdisait l'emploi des
minerais anglais; ce fut un coup terrible pour
cette contrée; car elle devait, ou bien renoncer au
Bessemer et au grand marché des aciers, ou bien
aller au loin chercher des minerais spéciaux, ce
qui égalisait la lutte avec nous, car ces minerais
sont à nos portes.

Les Anglais n'hésitèrent pas longtemps; on les
vit contracter des marchés à longs termes avec les
riches mines de fer qui nous environnent; en Espagne, en Afrique, à l'île d'Elbe. Mais le résultat
heureux reste acquis pour nous. Le minerai coûte
encore plus cher aux Anglais qu'à nos usines bien
situées du midi de la France. Pour venir se joindre

aux charbons de nos riches bassins méridionaux, il n'a qu'à traverser la Méditerranée; il arrive même jusqu'aux bassins houillers du centre dont il alimente les productions de fers supérieurs, développées considérablement depuis quelques années.

Qui peut prévoir pourtant combien cette situation, ce dernier *équilibre* durera! Il suffit qu'un chimiste annonce qu'il sait chasser le phosphore des fers pour que l'échafaudage actuel s'écroule, et qu'on ait à l'édifier de nouveau auprès de certains gîtes de minerais si abondants et si bon marché, dont on s'éloigne aujourd'hui parce qu'ils renferment quelques millièmes de ces substances nuisibles qu'on n'a pas encore pu leur soustraire.

Quoi qu'il en soit, constatons que notre place est faite aujourd'hui au grand soleil de l'industrie; que la France a su ajouter à la richesse de ses productions agricoles, les ressources d'une puissante organisation métallurgique, qui lui permet, non-seulement de s'alimenter, mais encore, ce qui était impossible autrefois, de lutter au dehors, en Italie, en Suisse, en Espagne, avec les produits similaires de l'Angleterre, de l'Allemagne, de la Belgique.

FIN.

TABLE DES GRAVURES

TABLE DES MATIÈRES

PARIS. — IMP. SIMON RAÇON ET COMP., RUE D'ERFURTH 1

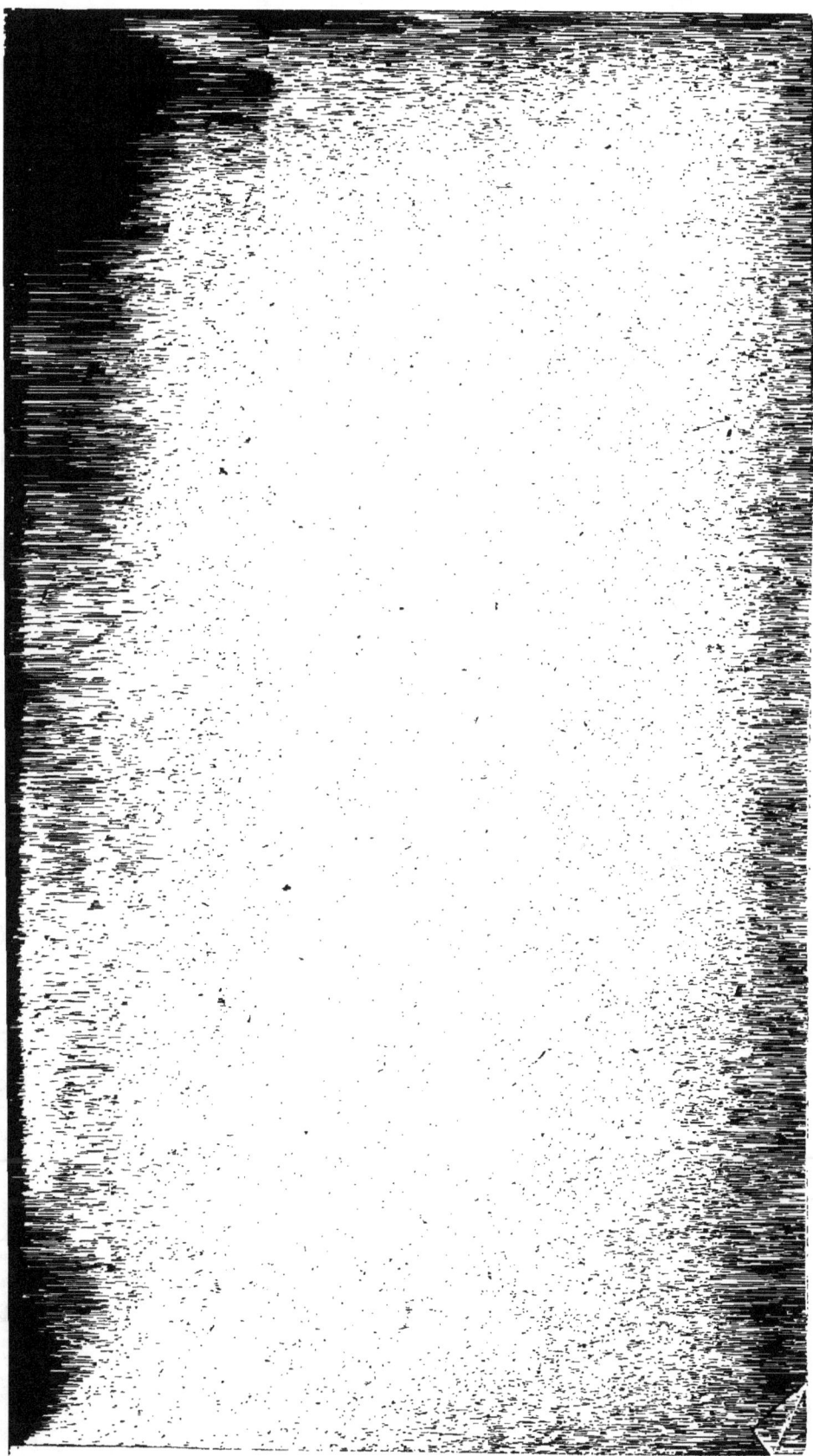

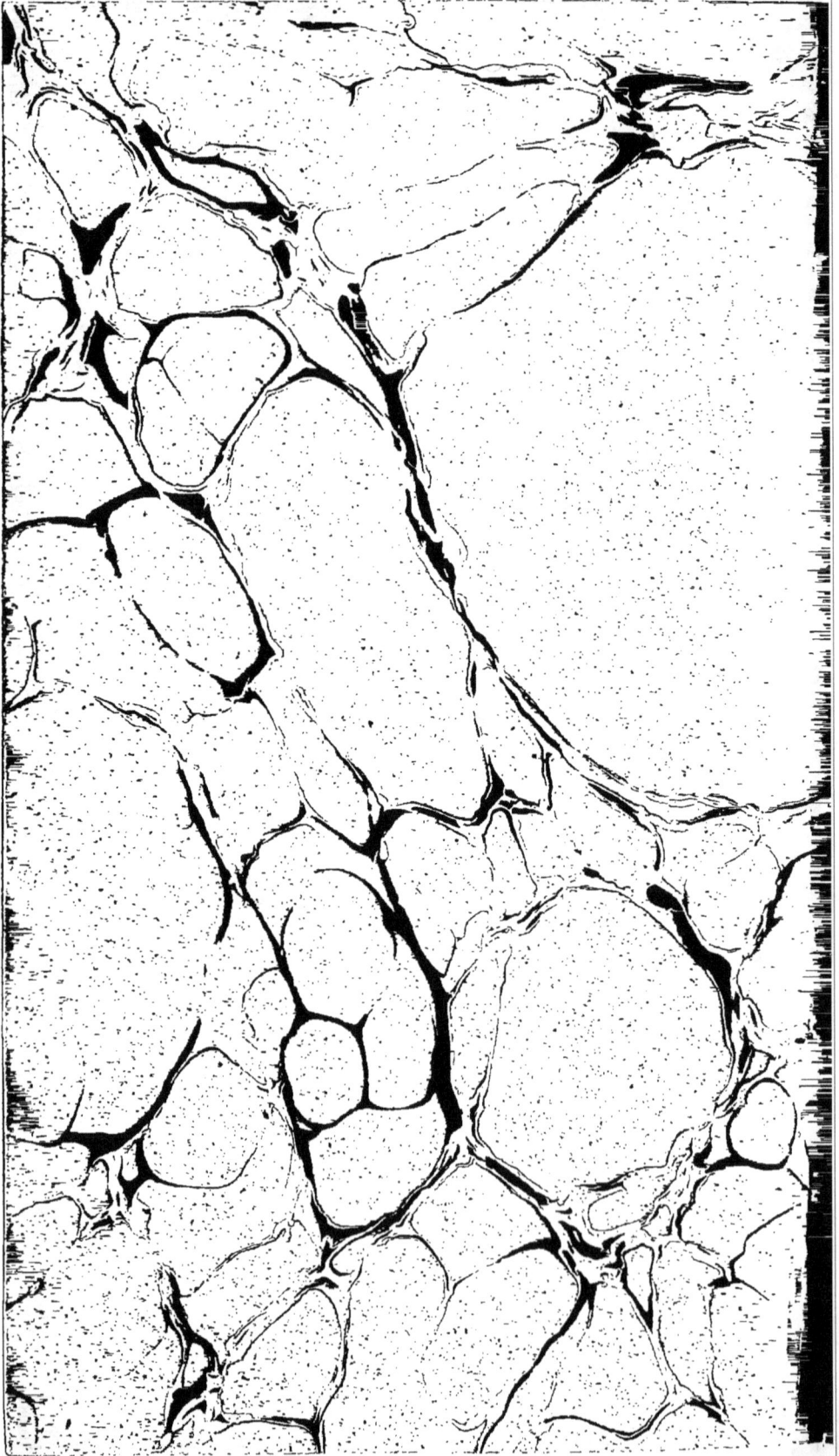

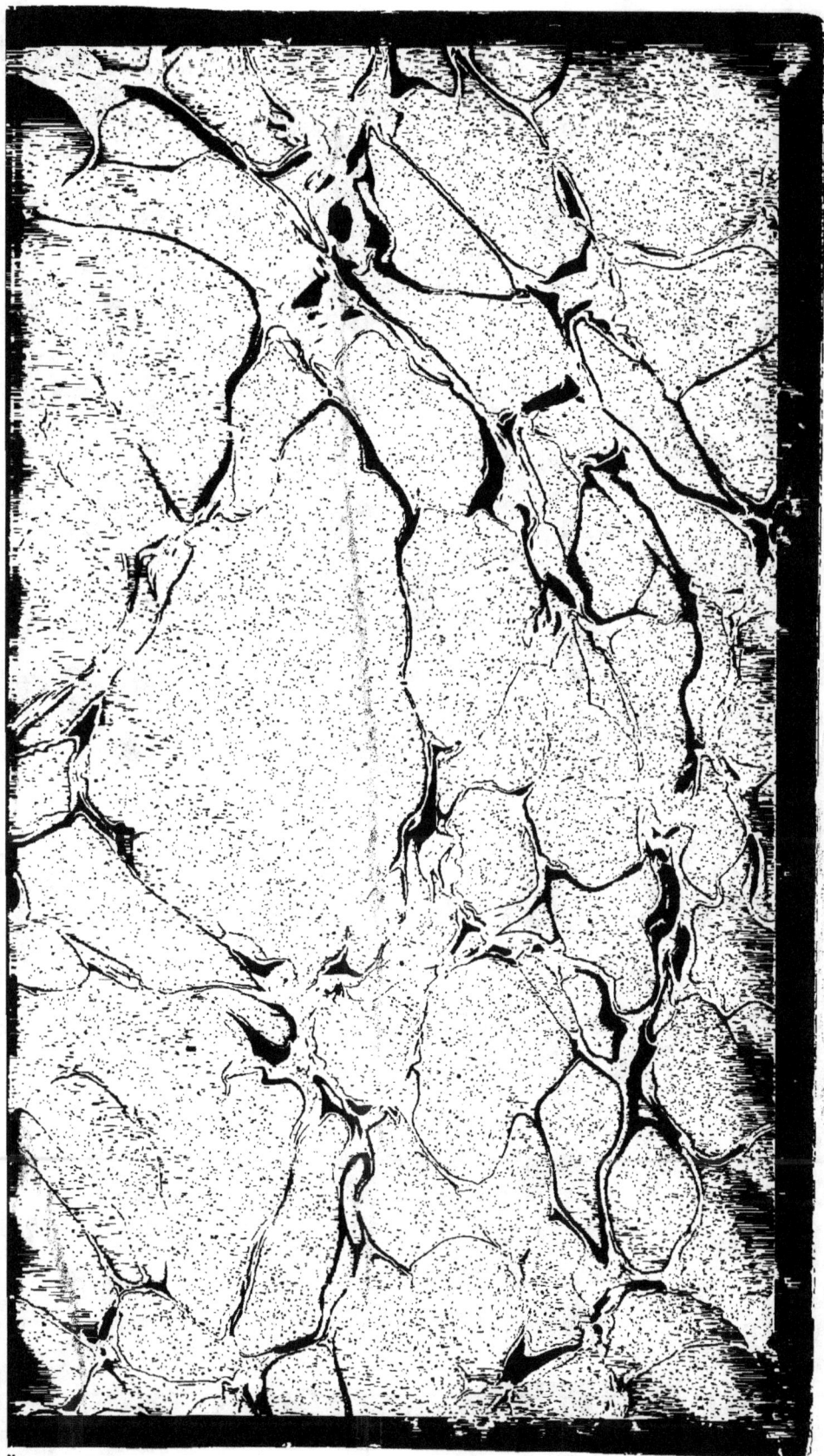